数学现场

SHUXUE XIANCHANG

王雁斌 著

另类世界史

An Alternative World History
Eye-witnessed
by A Simple Mathematical Equation

广西师范大学出版社

·桂林·

出版统筹：张俊显
品牌总监：耿　磊
选题策划：耿　磊　刘丹亭
责任编辑：廖幸玲
美术编辑：卜翠红
营销编辑：杜文心
责任技编：李春林

图书在版编目（CIP）数据

数学现场：另类世界史 / 王雁斌著. —桂林：广西师范大学出版社，2018.1（2019.11重印）
ISBN 978-7-5598-0138-8

Ⅰ．①数… Ⅱ．①王… Ⅲ．①数学史－世界 Ⅳ．①O11

中国版本图书馆CIP数据核字（2017）第285997号

广西师范大学出版社出版发行

（广西桂林市五里店路9号　邮政编码：541004）
网址：http://www.bbtpress.com

出版人：张艺兵
全国新华书店经销
广西广大印务有限责任公司印刷
（桂林市临桂区秧塘工业园西城大道北侧广西师范大学出版社集团有限公司创意产业园内　邮政编码：541199）
开本：720 mm×1 010 mm　1/16
印张：19.5　　　字数：260千字
2018年1月第1版　　2019年11月第2次印刷
印数：8 001~10 000册　　定价：65.00元

如发现印装质量问题，影响阅读，请与出版社发行部门联系调换。

书首题记

数学是上帝用来书写宇宙的文字。

　　伽利略·伽利莱
　　（Galileo Galilei，公元 1564— 公元 1642）

目 录 | CONTENTS

引子		001
第一章	开天辟地	009
第二章	金字塔的秘密	023
第三章	爱琴海群英	037
第四章	缪斯殿的笼中鸟	053
第五章	"不要碰我的圆"	065
第六章	黑衣布袋人	081
第七章	被人诅咒的数学家	095
第八章	暴乱中的女人	105
第九章	百年战乱之后的父子	113
第十章	魔语一百单八句	127
第十一章	最后的罗马人	139
第十二章	目中无人的太史丞	149
第十三章	引入代数的波斯人	161
第十四章	写柔巴依的数学家	171
第十五章	乱世之隐	183
第十六章	谜一般的流星	193

第十七章	来自北非的比萨人	207
第十八章	费罗的遗言	219
第十九章	倔强而不幸的结巴	227
第二十章	邪恶的天才	239
第二十一章	少年才俊	249
第二十二章	制造虚幻的工程师	257
第二十三章	承先启后的神算家	269
尾声	新的开始	281
书尾题记		287
参考书目		289
附录一		293
附录二		297
附录三		300
附录四		301
附录五		305

引子

公元前490年，雅典军队在马拉松大败数十倍于己的波斯军队，雅典就此进入黄金时代。那时候的雅典，朝气蓬勃，意气风发，是整个世界的希望。可是不到六十年，雅典就陷入伯罗奔尼撒战争的旋涡，地中海周边杀气冲天，大大小小上百个希腊城邦互相征伐，打得难解难分。

与此同时，一场空前的灾难降临雅典。

当时的雅典城被军队和难民挤得水泄不通，满地都是牲畜的粪便。人口暴涨使食品和物资的需求骤增，给养从雅典周边唯一的港口比雷埃夫斯源源不断地运来，随之而来的，还有传染病。

大批大批的雅典人死去了，侥幸活下来的也落下了残疾。许多人失去了记忆，认不得家人和朋友，甚至连自己是谁都搞不清了。被后人称为"历史学之父"的修昔底德（Thucydides，公元前

数海拾贝❶

在数学里，方程表示含有未知数的等式。"方程"这个中文名称最早出现在著名的数学专著《九章算术》里，它大约在东汉成书。其中第八卷的卷名就是"方程"。那里面的第一个数学问题是：有上等黍三捆，中等黍两捆，下等黍一捆，共出黄米三十九斗。又有上等黍两捆，中等黍三捆，下等黍一捆，出米三十四斗。再有上等黍一捆，中等黍两捆，下等黍三捆，出米二十六斗。问上等、中等、下等黍每捆各出多少斗黄米？

把这个问题翻译成现代代数语言，是个三元一次方程组：

$$3x + 2y + z = 39$$
$$2x + 3y + z = 34$$
$$x + 2y + 3z = 26$$

这里，x、y、z 分别是上等、中等、下等黍的每捆出米斗数。它们是要求出的量，称为未知数。这个方程组里一共有三个未知数，所以称为"三元"。"元"应该是"天元"的简称，也就是未知数。这个词是13世纪金国的数学家李冶发明的。

460～455—公元前400）亲身经历了这场灾难，在大病之中差点儿送了性命。他在《伯罗奔尼撒战争史》中对灾疫的描述是现存唯一的现场目击者记录。

这场灾难对雅典的打击是毁灭性的，这座城市的人口减少了至少三分之一，损失了大批年轻力壮的战士。在此后的几年里，灾难一再来临，雅典已经精疲力竭，无论在政治上还是军事上都无法同敌人抗衡了。雅典的老百姓开始诅咒奥林匹亚的神明，埋怨他们站到了敌人一边。为了改善与神明之间的关系，领袖们紧急拜访了德洛斯岛上最著名的预言家。经过一连串神秘而复杂的巫术仪式，预言家宣称找到了解决危机的办法：

"你们必须在德洛斯岛给阿波罗神庙重新建造一座神坛，它必须是现在神坛体积的两倍。"

德洛斯岛地处爱琴海的中心，面积只有四十平方公里。然而这个弹丸之地对古希腊人的意义却十分重大。相传天神宙斯的一对儿女，山林、猎兽之神阿尔忒弥斯与光明、太阳、真理、音乐和诗歌之神阿波罗就出生在这座小岛上。

魏晋时期的数学家刘徽（约公元225—公元295）为《九章算术》作注时是这么定义"方程"的："程，课程也。群物总杂，各列有数，总言其实，令每行为率。二物者再程，三物者三程，皆如物数程之，并列为行，故谓之方程。"这话需要简单翻译一下。"课程"不是我们今天上课的课程，而是指按不同物品的数量关系列出的等式。"实"是式中的常数项（比如上面方程中的39、34、26等）。"令每行为率"，就是根据一个条件列一行等式。"如物数程之"，就是有几个未知数就必须列出几个等式。所以"二物者再程，三物者三程"。"方"的本意是并排。把两条船并起来，船栓拴在一起，在古语里就叫作方。所以列出的一系列等式叫作"方程"。而如今，我们赋予刘徽古老的"方程"这个词新的含义。

现在让我们看看多项方程式：

$a_n x^n + a_{n-1} x^{n-1} + \cdots + a_1 x^1 + a_0 = 0$。这里，$a_1, a_2, \cdots, a_n$ 都是已知数，而且 $a_n \neq 0$。这个方程含有一个未知数 x，所以是一元方程；x 的幂次最高为 n，所以称为一元 n 次方程。所有满足这个方程的 x 的值叫作方程的"根"，或者方程的"解"。如果所有的根都能用一个公式来表达，那么这个公式就是该方程的通解。比如一元二次方程 $ax^2 + bx + c = 0$（$a \neq 0$）的通解是 $x = \dfrac{-b \pm \sqrt{b^2 - 4ac}}{2a}$。

为了使德洛斯岛更加圣洁，雅典人把岛上古墓里的尸体全部挖出来，运到其他岛上去了。新神坛很快就建起来，比旧神坛富丽堂皇多了。这时，人们忽然意识到犯了一个严重的错误：他们把神坛的每一条边都增大了一倍，这么一来，新神坛的体积就成了旧神坛的八倍。

灾疫继续流行，而且越来越严重，更多的人死去。看来阿波罗要继续惩罚雅典人，直到他们灭亡为止，而雅典却找不出一个有能力建造二倍神坛的人来。

其实，从今天代数学的角度看来，二倍神坛是一个非常简单的一元三次方程问题：

$$X^3 = 2 \quad (1)$$

找到这个方程的正根，也就是 $\sqrt[3]{2}$，二倍神坛的问题就解决了。

为什么是这样？为了简单起见，我们先假定神坛的形状是一个立方体。边长是 a 的立方体的体积为 $V_a = a^3$。边长是 b 的立方体的体积为 $V_b = b^3$。如果 $V_b = 2 \times V_a$，那么 $\frac{V_b}{V_a} = \frac{b^3}{a^3} = \left(\frac{b}{a}\right)^3 = 2$。由此可以推导出 $\frac{b}{a} = \sqrt[3]{2}$。所以 $b = \sqrt[3]{2}\, a$。复杂形状的神坛也是一样。表一列出一些常见的几何形状和它们的体积计算公式。请读者验证一下，对于任何一种几何形状，二倍体积都相当于把三个对应的长度乘以 $\sqrt[3]{2}$。

注意表一中的体积公式都是利用代数方法表达的。可代数概念的萌芽要在一千五百年之后才会出现呢。古希腊人熟悉的是几何学。事实上，他们酷爱甚至崇拜几何学，认为它是上天赐予的最为美丽和谐的理论。几何学需要用尺规作图法，也就是完全依靠圆规和没有刻度的直尺，来解决这个二倍神坛问题。为什么不用带刻度的直尺呢？这是因为一旦依靠读取刻度来确定一条线的长度，问题就具体化了，无法找到通解（也叫普遍解）。另外，2 的三次方根（$\sqrt[3]{2}$）是个无理数，也就是说，它不能写成两数之比。如果把它写成小数的形式，小数点之后有无穷多个数字，而且不会循环（所以无理数也被称为无限不循环小数）。通过读取刻度得到的长度必然带有误差，永远得不到绝对准确的结果。

经过几十年的努力，仍然没人能够解决这个难题。最后德洛斯联盟的领袖们找到了柏拉图（Plato，约公元前427—约公元前348）。出生在大灾疫之中的柏拉图把这个难题带到他的学院，并将其称之为"德洛斯难题"。

表一：几种常见的几何形状和它们的体积计算公式

名称	图示	体积公式
立方体（边长 $=a$）		$a \times a \times a = a^3$
长方体（三条相互垂直的边长为 a, b, c）		$a \times b \times c$
球体（半径 $=r$）		$\dfrac{4}{3} \times \pi \times r^3$
椭球体（三个半轴分别是 r_1, r_2, r_3）		$\dfrac{4}{3} \times \pi \times r_1 \times r_2 \times r_3$
圆柱体（截面半径 $=r$，垂直于截面的高 $=h$）		$\pi \times r^2 \times h$
圆锥体（底面半径 $=r$，高 $=h$）		$\dfrac{1}{3} \times \pi \times r^2 \times h$

无数的希腊几何学家、天文学家甚至哲学家都费尽心机研究这个问题。柏拉图却警告他们说，阿波罗是在戏弄我们，因为雅典轻视教育；太阳神嘲笑我们无知，他要我们真心努力钻研几何学，而不是仅仅把它当作无聊时解闷的游戏。柏拉图还说，阿波罗给出这个难题，是希望我们调动所有的希腊人，停止战争，放弃敌意，在缪斯女神的呼唤之下齐心协力，用真诚的热情以及从推理和数学中得到的智慧和平地生活在一

起，互助互利而不是相互侵害。

可是政客和将军们哪里会把哲学家的话放在心上？公元前415年，野心勃勃的雅典议事会孤注一掷，派出倾国之力，以空前庞大的海军攻打位于西西里岛东南端的城邦叙拉古，企图从那里登岛，逐步占领整个西西里，进而挺进意大利半岛，向欧洲扩张。代表雅典十个部落的将领之间争论不休，严重干扰了作战的决策。叙拉古海湾一役，海军全军覆没，雅典被迫投降。后世有人认为，公元前430年的灾疫具有非同寻常的历史意义。假如没有那场灾疫，就没有雅典城邦的消亡，恐怕也就没有马其顿的兴起和古罗马的称霸。世界历史就不是今天这个样子了。

汹涌的战争浪潮之下,
希腊和她的基床
建立在永恒的
思维结晶的大海之上。

摘自 19 世纪英国浪漫诗人雪莱(Percy Bysshe Shelley,
公元 1792—公元 1822)的抒情诗剧《希腊》(*Hellas*)

第一章　开天辟地

起初，宇宙是一团空虚和混沌。在天和地出现之前，宇宙之内只有阿普苏和提阿马特。阿普苏是淡水之神，他来自无底的深渊。他的爱人提阿马特是咸水之神。淡水和咸水缠绕在一起，就生下了埃亚和他众多的弟弟妹妹。这些小神祇都居住在提阿马特庞大的躯体之内。提阿马特的形象有时像蛇，有时像龙。她非常巨大，可以盖住地中海。小东西们整天打打闹闹，让他们的父母厌烦不堪，父亲阿普苏打算杀死他们。埃亚提前得到了警告，便杀死了父亲，成为众神之首。他和配偶达姆金娜生下了儿子马尔杜克，这个新生儿显示出非凡的能力，让他的祖母提阿马特焦躁不安。

提阿马特想要杀死埃亚，以报杀夫之仇。她还生出十一条怪龙来协助作战，并为自己创造了一个新丈夫金固（King，这个名字的意思是"没有技艺的劳动者"），使他成为最高主宰。面对提阿马特的强大势力，以埃亚为首的反对派显得无能为力。这时，马尔杜克挺身而出，经过惨烈的搏斗，杀死了祖母提阿马特，用她的身体创造出了天和地；又杀死了金固，用他的鲜血和地上的泥土塑造出人类，并使他们活起来。

马尔杜克创造的天地很独特：地是扁平的圆盘，被海洋环绕着，人类可居住的土地是一整块圆形的大陆，从一个海洋漂浮到另一个海洋。天是巨大的弧形的圆盖，覆掩着大地。海水一直延伸到极远处，那是人与神分界的地方。众神还为自己修建了一座可以居住的城市，那就是巴比伦城。

这个创世纪的传奇故事是古巴比伦的著名史诗《埃努玛·埃利什》的主要内容。史诗以楔形文字镌刻在七块泥板上，发现于中东名城尼尼微（位于今天的伊拉克摩苏尔地区）里面的亚述巴尼拔图书馆遗址。故事里的巴比伦城是真实存在的，它坐落在狭长而肥沃的美索不达米亚平原上，两条近于平行的河流把它夹在中间。这两条河，一条是幼发拉底河，一条是底格里斯河，它们是人类文明的母亲之河。早在公元前23世纪，苏美尔人就在两河流域建立了人类历史上第一个帝国阿卡德。巴比伦人的祖先亚摩利人在公元前21世纪迁徙至此，打败了苏美尔人，在巴比伦定居下来，巴比伦城的雏形初现。大约在公元前18世纪，一个名叫汉谟拉比（Hammurabi，约公元前1792—公元前1750）的亚摩利国王建立了巴比伦帝国，统治了大约四十年。巴比伦城的规模日益膨胀，变得越来越雄伟。从那时候起，美索不达米亚平原的南部有了一个新的名字，叫作巴比伦尼亚。巴比伦人从苏美尔人那里学会了楔形文字，用来记录周围发生的一切。他们把文字刻在黏土制作的泥板上，经过烧制成为类似红砖颜色的泥板，整整齐齐地码放在神殿里。随着大量的黏土泥板的陆续发现，我们对这个大约出现在四千年前的古老文明有了一些大致的了解。

1901年，瑞士考古学家热魁尔（Gustave Jéquier，公元1868—公元1946）在位于今天伊朗胡齐斯坦省的著名古城苏撒里发现了一尊二米多高的黑色玄武岩石碑，上面用楔形文字镌刻了二百八十二条古巴比伦法律，这就是著名的汉谟拉比法典。它是迄今发现的人类史上最早的法律条文。石碑的顶端雕刻了汉谟拉比的形象：长髯及胸，相貌威严的国王从马尔杜克手中接过象征皇权的徽章。他在法典的前言中宣告："马尔杜克授权于我统治天下，我做到了公义，并为被压迫者带来了福祉。"

汉谟拉比法典在人类发展史上具有重要意义，它包含了早期宪法的萌芽，无罪推定的思想，原告人与被告人都必须提供证据的理念，还有"以眼还眼、以牙还牙"的惩罚方式。

文史花絮 → 1

汉谟拉比死后,他的儿子继承王位。不久,加喜特人从伊朗方面的札格罗斯山脉上冲下来,经过一二百年的残酷战争,征服了巴比伦尼亚,在这里统治了四百多年。公元前12世纪,巴比伦又落到亚述王国的统治之下。亚述王辛那赫里布(Sennacherib,又译西拿基立,?—公元前681)在位的时候,这里动乱蜂起,辛那赫里布派出重兵镇压,使巴比伦城彻底毁灭,神殿被拆毁,城墙被推平,甚至连瓦砾都被丢进了大海。过了不久,巴比伦人刚刚脱离亚述人的统治,建立新巴比伦王朝,又被古波斯的皇帝居鲁士一世(Cyrus I,?—公元前580)所征服。也就是在这个时候,汉谟拉比镌有法典的石碑被运到了波斯。巴比伦在波斯的统治下和平繁盛了二百年左右。今天德国柏林市的著名伯格曼博物馆里珍藏着公元前6世纪迦勒底帝国的君主尼布甲尼撒二世(Nebuchadnezzar II,约公元前634—公元前562)建造的伊什塔尔城门。见到它的人无不被它的宏伟和精美所震慑(见下图)。蓝色城墙上金色的长脖子四脚兽就是马尔杜克的蛇龙。这只是巴比伦当时八大城门之一。尼布甲尼撒二世还在巴比伦(当时迦勒底帝国的首都)建成著名的空中花园,留给后人无限的遐想。

公元前331年,亚历山大大帝(Alexander the Great,公元前356—公元前323)带领马其顿大军杀到,严重破坏了这座名城。不久,亚历山大死去,他的将军们瓜分了庞大的马其顿帝国,互相之间你征我伐,战乱不息,巴比伦逐渐被战争摧毁,从此一蹶不振。

巴比伦古城位于伊拉克首都巴格达南边八十五公里。这个地区多灾多难,至今动乱频仍。

巴比伦人还发展了一个相当发达的数学体系。它采用60进位制，而且已经有了原始的数位概念，也就是说，相同的数字在不同的位置上表示不同的数值。他们把一天分成二十四小时，每小时六十分钟，每分钟六十秒。这种计时法从那时起一直沿用至今，差不多四千年了。我们今天把圆周分为三百六十度，这种分法也是从古巴比伦人那里来的。

最令人惊叹的是他们的计算能力。古巴比伦人制作了很多泥板，专门用来辅助工程计算。其中19世纪中期发现的两片泥板列出从1到59所有整数的平方值和从1到32的立方值。这是世界上最早的平方、立方计算表。比如表中给出 $8\times8=$【1】【4】（为了清楚起见，这里我们用方括号【】来区分古巴比伦计数系统的不同数位）。等号右边的【1】占有高一位的数位，类似于我们使用的10进位制的"十位"上的数，代表一个60。【4】占据的是"个位"。用现代10进位的表达方式，就是：

$$8\times8 = 8^2 = 1\times60 + 4 = 64。$$

同理，用60进位来表示 59^2 的结果，写成【58】【1】（$=58\times60+1=3481$）。有兴趣的读者不妨试着用巴比伦数字符号来表达这两个数，看是个什么样子。

古巴比伦人对平面几何也已经有了相当的了解，并且能巧妙地利用几何原理建立数学关系。比如，他们知道边长为 a 的正方形面积等于 $a\times a$，长为 b、宽为 a 的长方形面积是 $a \times b$。通过类似于图1的几何分析，他们知道边长为 $(a+b)$ 的正方形面积是 $(a+b)^2$。而且，他们还知道：

$$(a+b)^2 = a^2 + a\times b + b\times a + b^2 = a^2 + 2\times a\times b + b^2 \qquad (2)$$

这是最早的二次二项式的展开。

数海拾贝 ❷

进位制是记数的方式，也称进位计数法或位制计数法。它帮助人们用有限的数字符号数目来表示所有的数值。一个进位制中可以使用的数字符号的数目称为基数或底数。一个基数为 n 的进位制，称为 n 进位制，现在最常用的进位制是 10 进位制，这种进位制通常使用十个阿拉伯数字（即 0–9）进行记数。由于人有十个手指，10 进位制最为直观，但不是唯一的。

在进位制当中，数位的概念很重要。一般说来，d 进位制有 d 个计数符号。10 进位制，d=10，16 进位制，d=16，等等，以此类推。一个任意四位数字 $a_3a_2a_1a_0$ 意味着 $a_3d^3+a_2d^2+a_1d^1+a_0d^0$。注意这里 $a_3a_2a_1a_0$ 不是四个数相乘，而是四个数位。相应数位的 d 的幂次 0，1，2，3，是 d 进位制中的数字符号。注意任何一个不为零的数的零次幂都等于 1。比如在 10 进位制中的数字 3481 有个、十、百、千四个数位，它的表达方式是：

$$3\times10^3+4\times10^2+8\times10^1+1\times10^0=10^3\times<3+\frac{1}{10}\times\left\{4+\frac{1}{10}\times\left[8+\frac{1}{10}\times\left(1+\frac{0}{10}\right)\right]\right\}>.$$

16 进位制有 16 个数字符号，通常用 0–9 和 A–F 来表示。想一想：如果用 16 进位制来表达 10 进位的数字 3481，表达的方式应该是什么样子？是几位数？

今天我们使用的阿拉伯数字有十个数字符号，而古巴比伦的 60 进位制却有五十九个符号：

3481 这个数字用古巴比伦的 60 进位制表达，如正文中所说是个两位数【58】【1】。

但是古巴比伦没有表示 0 的符号。在表达数值时，0 是靠空格来表示的。这种方法在表达 60，600，6000（1，1 后面加一个空位，1 后面加两个空位）等时就变得含糊不清了。这个问题直到 8 世纪印度人引入 0 的符号才得到彻底解决。

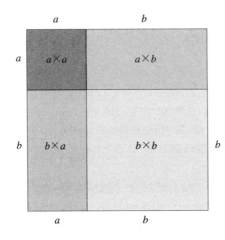

图1：古代巴比伦人利用几何作图得到对二项式$(a+b)^2$进行展开的数学公式。这种利用几何方法解决数学问题的思路后来被古希腊人发挥到极致。左上角深灰色的正方形的边长是a，面积是$a×a$。右下角的浅灰色正方形面积是$b×b$。同理，两个烟灰色的长方形的面积是$a×b$。所以，边长为$a+b$的正方形的面积就是所有这些正方形和长方形面积的和，也就是$a^2+2ab+b^2$。所以就得出$(a+b)^2=a^2+2ab+b^2$

根据泥板的记录，我们知道古巴比伦人还导出了$(a-b)^2$的二项式展开：

$$(a-b)^2 = a^2 - 2×a×b + b^2$$

知道了$(a+b)^2$和$(a-b)^2$的二项式展开，任何两个正整数a和b的乘法就可以通过泥板来计算。这跟我们今天背乘法口诀的做法很不一样。有兴趣的读者不妨自己试一下，我们把它作为练习题放在本章的后面。

至于除法，巴比伦人制作了计算倒数的泥板，也就是n和$1/n$的表格。这样，a除以b这类问题就变成了a乘以$1/b$。

古巴比伦人已经懂得怎样开平方。美国耶鲁大学在1944年搜集到一块著名的泥板，上面有一幅保存良好的几何图。这是一个正方形和两条对角线（图2），正方形的边长是30。在水平的对角线上方，泥板的制作者刻下了【1】【24】【51】【10】这几个古巴比伦数字。转换成10进位制，这相当于1 41 421 36……。在水平对角线的下方，有一组数字【42】【25】【35】，相当于10进位数424 263 88……。这实际上是一道我们熟悉的几何题：边长为30的正方形的对角线长度是多少？我们知道，正方形的对角线的长度 = 正方形边长×$\sqrt{2}$。因此边长是 30 的正方形，其对角线的长度就是 30 ×$\sqrt{2}$ =42.42640……（$\sqrt{2}$ =1.41421356……）。现在，你能看出水平对角线上下那两组数字的含义了吧？对了，对角线上面的数字是不带小数点的$\sqrt{2}$（和现在我们算出的数值有一些误差），下面是 30 ×$\sqrt{2}$。

图 2：左边是著名的巴比伦泥板 YBC7289，右边是泥板上古巴比伦数字的现代表述。这枚泥板证明，古巴比伦人已经能够进行开平方计算，并且把 $\sqrt{2}$ 精确计算到小数点后面第五位

这张图说明，古巴比伦人已经知道勾股定理，而且能够相当精确地进行开平方计算。他们得到的$\sqrt{2}$ 的值已经精确到小数点后面第五位。

求解二次方程，对古巴比伦人来说已经相当熟悉。早在公元前 21 世纪，他们就开始处理类似于下面这个二元方程组的问题了：

$$x+y=p, \quad xy=q \quad (3)$$

尽管他们还没有任何代数的知识，但他们已经看出，这两个方程等价于一个一元二次方程：

$$x^2+q=px$$

根据泥板记录，我们知道他们是按照下面的求解方法计算 x 的：

1. 取 p 的一半，也就是 $\dfrac{p}{2}$，

2. 把结果平方，也就是 $\left(\dfrac{p}{2}\right)^2$，

3. 从上述结果里减去 q，得到 $\left(\dfrac{p}{2}\right)^2 - q$，

4. 利用开方泥板求得第 3 步结果的平方根，$\sqrt{\left(\dfrac{p}{2}\right)^2 - q}$，

5. 把第 4 步和第 1 步的结果加起来，就是要求的 x。

更有意思的是，他们还制作了一种黏土泥板，专门计算正整数 n 的立方与平方值之和，也就是 $n^3 + n^2$。通过这个表格，可以利用试错法得到一些特定一元三次方程的数值解。比如，以下这个等式：

$$2m^3 + 3m^2 = 81$$

如果想找到满足等式中 m 的值（也就是这个方程中 m 的解），先把方程的两端乘以 $4=2^2$，再除以 $27=3^3$，就得到：

$$\left(\dfrac{2\times m}{3}\right)^3 + \left(\dfrac{2\times m}{3}\right)^2 = \dfrac{4\times 81}{27}$$

现在把 $\dfrac{2m}{3}$ 看成 n，就可以利用 $n^3 + n^2$ 的泥板了。一旦找到对应于 $\dfrac{4\times 81}{27}=12$ 的 n 数值 $n=2$，也就求出了 $m=3$。

黏土泥板的计算过程说明，制作人假定使用者对加减乘除有熟练的掌握。显然不是为了教学乘法口诀之类。那么，这些泥板到底是做什么用的呢？唯一的解释是，它们用来求算某类数学问题的结果。

表二：古巴比伦 n^3+n^2 泥板的 10 进位制表述

n	1	2	3	4	5	6	7
1	**1**	**8**	**27**	**64**	**125**	**216**	**343**
2	**4**	12					
3	**9**		36				
4	**16**			80			
5	**25**				150		
6	**36**					252	
7	**49**						392

古巴比伦对开挖运河、修建宫殿非常重视，乘方开方的计算必不可少。列表的方法不需要对方程有任何理解，非常实用。找几个心眼灵活的工匠，经过训练就可以利用黏土泥板进行计算了。这些泥板是他们的计算器。从某种意义上来说，这是采用数值方法求解某类方程的雏形。表二是 n^3+n^2 泥板的 10 进位制表述示例。古巴比伦人把 n^3 和 n^2 作为两个不同的变量列成纵横两列，把 n^3+n^2 的值列在表格中。比如，想要求出 $n=5$ 的结果，只需在纵列找到对应的 $5^2=25$，横排上找到 $5^3=125$，第五列和第五排相交的格子里的值 150 就是我们所需要的答案。更重要的是，如果知道某个 n^3+n^2 的值，便可以反过来找到对应的 n。甚至当 n 不是整数的时候，我们也可以大致估计 n 的大小。比如假定有一个 n，使得 $n^3+n^2=200$。表二里面没有这个数值，因此 n 一定是非整数。200 差不多正好在 150（$n=5$）和 252（$n=6$）之间，我们便可以猜测，对应 200 的 n 大概接近于 5.5。而这个问题的精确解是 $n=5.532\,982$，它同我们的猜测解 5.5 的误差只有 0.6%。

从这里我们看到，古巴比伦人已经有能力把实际问题抽象成为纯数学问题，而且在他们的数学观念里面也有了求解方程式的萌芽。更让人惊奇的是，他们似乎已经懂得简单的变数代换，这在没有代数工具的时代是非常不容易的。三千年前取得这样的成就，古巴比伦人在数学史上真是开天辟地。

类似的计算方法在巴比伦地区至少延续了上千年，古希腊人应该有所了解。但古希腊人是一个特殊的族群，他们远远不能满足于这种简单的数值求解，特别是分散式的整数的求解。他们醉心于含有连续变量的几何问题，一定要追根求底，而且要用尺规作图的方法。他们无论如何也没有想到，为了彻底解决这个二倍神坛，也就是二倍立方的问题，人类竟然花费了三千年的时间。

> 智慧渊博的巴比伦彻底消失，
> 她的雄辩未能留下为自己
> 悲鸣叹息的一个字迹。
>
> ——19 世纪英国浪漫诗人华兹华斯（William Wordsworth，公元 1770—公元 1850）

把数字看成一堆堆的石头，这个想法听上去也许有点古怪。但其实它跟数学一样古老。英文"计算"（calculate）这个词来自拉丁文 calculus，本意就是一堆用来计数的鹅卵石。要享受使用数字带来的快乐，你不必非得是爱因斯坦（Einstein 在德文里的意思是一块石头），但如果你脑袋里有一堆石头的话，还是有帮助的。

——史蒂文·斯特罗加斯（Steven Strogatz，公元 1959—）：《x 的喜悦》（*The Joy of x: A Guided Tour of Math, from One to Infinity*）

你来试试看？本章趣味数学题：

1. 古巴比伦人依靠泥板的表格来查找数学计算结果。假定你是古巴比伦人，有 $(a+b)^2$ 和 $(a-b)^2$ 的二项式展开的泥板，想通过这两块泥板查到 a 和 b 的积。你该怎么做？

2. 如果你是古巴比伦人，你会怎样用 16 进位制来表达 10 进位制的数字 6371？表达的方式应该是什么样子？是几位数？

第二章　金字塔的秘密

有一个古老文明，曾经创造了古代史中最为灿烂的文化，留下当时世界上最为宏伟壮观的宫殿和墓冢。可惜，它在两千多年前就被其他民族所征服，彻底丢失了自己的语言文字和文化，被漫漫黄沙所埋没，沉寂了十几个世纪。直到18世纪，人们重新发现了它的遗迹，惊叹之余，更多的是感叹和疑惑。

这就是古埃及文明。

两千余年的外族统治使古埃及彻底失去了自己的文明。巍峨遗迹今犹在，人影却无踪。语言、文字、宗教信仰、历史记录都消失了，也没人能读懂用古奥的埃及文字写成的碑文。人们在看到那些遗迹时，根本搞不清它们究竟为了什么而建。事实上，我们至今也不知道他们属于哪个人种，究竟是高加索人、黑人，还是中亚人。这些谜团经常引起人们无限的好奇。

古埃及的文字大约始创于公元前3500年，距离今天有五千多年了。这种象形文字是人类最古老的书写文字之一，多刻在古埃及人的墓穴、纪念碑、庙宇的墙壁或石头上，被后人称为"圣书体"。1799年，一名法国陆军工程师在尼罗河三角洲的港口城市罗塞塔发现一幢残碑，上面有三种文字镌刻的碑文，其中一种文字是古希腊文。这就是有名的"罗塞塔石碑"。通过古希腊文的帮助，法国学者商博良（Jean-François Champollion，公元1790—公元1832）在1822年破译了圣书体，于是这个迷失千年的古文明终于再次被发现。

古埃及人可能是由北非的土著居民和来自西亚的游牧民族闪米特人融合而形成的。大约在公元前6000年，由于气候变化的影响，北非茂密的草原开始萎缩，人们被迫放弃游牧，寻求固定的水源，改为从事农

文史花絮 → 2

  古埃及人到底是什么人种？这个问题在历史学界从18世纪以来就一直争论不休。一些学者，尤其是非洲学者认为古埃及人是努比亚人（非洲黑人），他们的理由是在古希腊人的记载中经常提到埃及人肤色很深，特别是有过黑皮肤的皇后。1975年法国科学家研究了拉美西斯二世法老的头发，结论是他有浅色皮肤，鬈发，头发呈红色。

  实际上，古埃及人的种族问题多半是个伪科学问题。埃及地处非洲，临近欧洲和小亚细亚，其人民显然是多种族的混合体。问古埃及人是什么人种有点像问今天美国人的人种，这是没有意义的。

  古埃及文明在当时是非常先进的，可他们却不懂得近亲繁衍的危害。现代研究说明，图坦卡蒙法老（Tutankhamen，约公元前1341—公元前1323）生来兔唇，一只脚先天畸形，走路需要拄拐杖。通过对法老家族木乃伊DNA的调查发现，图坦卡蒙的母亲也是他的亲姑姑。这个我们最为熟悉，赫赫有名的法老实在是个可怜虫：除了上述毛病以外，他的体内含有大量疟疾原虫，而且可能死于腿部骨折伤口感染。他十岁登基，十九岁便死去，估计从来没有对国家做出过任何出于自己意愿的决策。所有的决定很可能都来自他的监护官阿伊（Ay，？—公元前1320）。阿伊在图坦卡蒙死后，自任为法老，还占有了死者的妻子。

第二章 | 金字塔的秘密

业耕作，在公元前 4000 年后半期聚集在尼罗河谷一带，在那里逐渐形成国家。从大约公元前 32 世纪美尼斯法老（Menes，生卒年不可考）统一上下埃及建立第一王朝，到公元前 343 年古埃及被古波斯彻底征服，一共历经了三千年、九个时期、三十一个王朝的统治。它的鼎盛时期在十八王朝（约公元前 15 世纪），那时的疆土从南部尼罗河谷地带的上埃及（也就是今天的苏丹、埃塞俄比亚），到北部三角洲地区的下埃及（包括今天的埃及和部分利比亚），东部边界则直达迦南平原（也就是今天的以色列和巴勒斯坦）。王国的统治者被称为法老。这个名称由两个象形字组成，前一个字的意思是屋或宫，后一个是柱，合起来就是王宫。由于臣民必须对统治者表示足够的尊重，不能直呼其名，所以用地点来代替。这跟中国古代称皇帝为陛下是一个道理。

古埃及拥有相当水准的天文学知识，他们根据观测太阳和天狼星的运行制定历法，是科普特历法的先行者。他们把一年定为三百六十五天，每年十二个月，一个月三十天，剩下的五天作为新年期间的节日。这种使用太阳历的做法是世界首创，其历法和我们今天所使用的阳历很接近。不过他们把一年分为三个季节，每季四个月。由于一年的真正时间大约是 365.25 天，古埃及的日历每四年就比实际少一天。他们还没有闰年的概念，但通过对天狼星的观察，已经意识到这一点。积累一千四百六十年后，日历时间比实际时间少整整一年，于是观察的天象和日历又变得一致了。古埃及人把一千四百六十年叫作天狗周期（天狗就是天狼星）。他们还发明了日晷等计时器，把一天分为二十四小时，按照日出日落来分，白天和黑夜各十二小时。由于昼夜的长短是随着季节变化的，因此一小时的长度也随着变化，而且白天和夜晚的每小时时长也经常不一样。

古埃及人已经了解许多星座，比如天鹅座、牧夫座、仙后座、猎户座、天蝎座、白羊座以及昴星团等。他们还把黄道恒星和星座分为三十六组，在历法中加入旬星，一旬为十天，这和中国农历里面旬的概念非常类似。古埃及文化有显著的星神崇拜，有专门的祭司负责天文学观测和记录。每年夏天，天狼星在黎明前升起的时候，尼罗河就开始泛滥。所以古埃及人认为天狼星是掌管圣河尼罗河的神祇。他们建造了神殿来祭祀

表三：古埃及乘法，以 238×13 为例。	
~~1~~	~~13~~
2	26
4	52
8	104
~~16~~	~~208~~
32	416
64	832
128	1664
238	**3094**

天狼星。还有人认为建造金字塔也是为了观测天狼星。古埃及人重视农业，赋予太阳浓重的宗教色彩，代表太阳的神祇有好几种，比如拉和阿顿。很多法老都标榜自己是他们的代表，有资格统治埃及。

尼罗河泛滥，淹没农田，但同时也使被淹没的土地成为肥沃的耕地。尼罗河还为古埃及人提供交通的便利，使人们比较容易来往于河畔的各个城市之间。古埃及文明的产生和发展同尼罗河密不可分，所以古希腊历史学家希罗多德（Herodotus，公元前484—公元前425）说："埃及是尼罗河的赠礼。"

古埃及有一套跟古巴比伦不同的数学系统。比如，他们有一套独特的乘法计算方法。假设要计算 238×13。古埃及人的做法是先把较大的数（238）分解为 1 和一系列 2 的不同整数幂（2^n）（2、4、8、16，等等）的和，然后把每一个 2^n 对 13 做乘法。这很容易做到，因为 $2^n \times 13 = 2 \times 2^{n-1} \times 13$，所以每一个 $2^n \times 13$ 的结果都是前一个结果的两倍。表三是这个方法的详细步骤。

表三的第一列数字是分解 238。把所有可能的数字都列出来，使它们的和等于 238，有些数字是不需要的，用横杠划掉。第二列是第一列的数乘以 13 后的结果，所有第一列中划掉的数字，乘以 13 以后的结果也划掉。最后把所有没被划掉的数字都加起来，就是计算的结果。类似的算法至今仍然在有些地方流传。

古埃及人很早就开始对土地进行测量了。他们是最先懂得用手掌和前臂来量度距离的人群之一。起初他们只是用手指来计算数目,后来渐渐创造了数字符号。仔细看看这些数字符号是很有意思的(图3)。数字1当然很平常,就像一根树枝。很多古代文明都用同样的符号。数字10的形状是人的踵骨(脚跟处的骨头),100是绳子挽成的一个圈,1000是一支莲花,10 000是指尖弯曲的手指,100 000是一只鸟(或者是青蛙),1 000 000是双手张开的象征无穷和无限的神祇赫(*Heh*)。显然,古埃及人采用的是10进位制,但是还没有0和从2到9的数字符号,所以数字的表达比较复杂。比如数字278需要把两个绳子圈,七根踵骨和八条树枝放在一起来表达。

1	10	100	1000	10000	100000	1000000

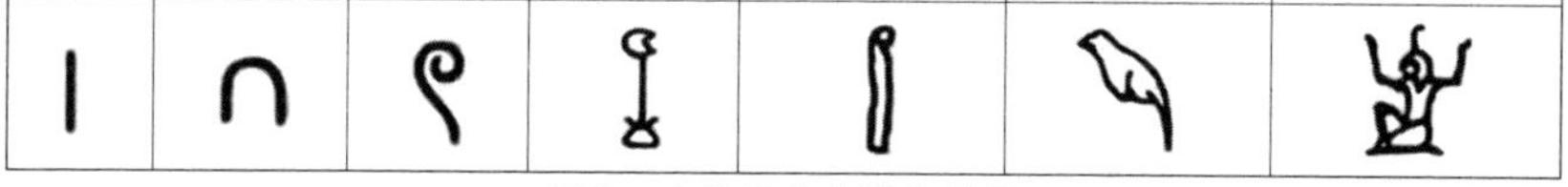

图3:古埃及人的数字符号

我们对古埃及的数学的了解,主要来自古代纸草记录。其中有两种记录最为有名,一是"兰德纸草书",大约作于公元前1700年(它还有可能是已经失传的更早时期纸草记录的复本);二是"莫斯科纸草书",它比"兰德纸草书"好像还要早一个世纪。从内容来看,它们似乎都是数学教科书,类似于中国古代的算经。

由于农田不断地变更,古埃及人需要经常丈量土地。希罗多德告诉我们,拉美西斯二世法老(Rameses II,约公元前1303—约公元前1213)把土地划成长方形分给埃及人,然后按照面积征收地税。如果尼罗河水侵占了土地的一部分,土地拥有者可以向法老申请减少地税。于是土地丈量员就要来重新计算土地面积,开出土地流失证明。希罗多德说:"在我看来,这是几何学的来源。这门学问后来传到了希腊。"

著名希腊哲学家亚里士多德(Aristotle,公元前384—公元前322)也认为是古埃及人最早开创了几何学。不过他认为这门科学的来源不是土地勘测之类的实际问题，而是由于古埃及神庙里的祭司有很多闲工夫，吃饱了撑的没事干，就研究几何。古埃及人对于神庙建筑的方向非常关心，这大概跟观测天狼星的需要有密切关系。他们能够用绳子和标杆准确地定出墙角基石的位置，这在很多建筑的图画中都能看到。他们好像已经懂得了勾股定理，并用它来界定建筑物的直角。

在上面提到的两套纸草书里，几何问题占有很大的比重。这些问题基本都跟测量有关，很多问题涉及几何图形的面积计算，包括圆形、三角形、矩形和不规则四边形。学者们对很多三角形和多边形的计算方法存在分歧，不过基本都认为多数计算方法只是为了得到近似值，没有完整的理论。

体积计算的问题在这些文献里也很重要。比如"兰德纸草书"的第41题：圆柱形的谷仓，直径为 d，高为 h，谷仓的体积 V 是多少？纸草书给出的答案是：

$$V = \left[\left(1-\frac{1}{9}\right)d\right]^2 h$$

根据我们熟悉的圆柱体积公式 $V = \pi\left(\frac{d}{2}\right)^2 h$，我们可以导出古埃及人使用的近似圆周率，它和真正的圆周率之间的误差不到 1%。

还有一类重要的问题是计算金字塔的比例。金字塔的底面是正方形；正方形的边长与金字塔的高度之比决定了金字塔的形状。确定这个比例需要一定的三角学知识，他们用"赛克德"（Seked 或 Seqed）来表示直角三角形的余切。"兰德纸草书"中的第 56 到 60 题就跟计算"赛克德"有关。有了"赛克德"，就知道了金字塔的坡度。比如，著名的吉萨大金字塔（也被称作胡夫金字塔）是在公元前 2560 年建成的。它的四个斜面同水平面的角度（即坡度）是 50 度 50 分 40 秒。吉萨的塔尖高出地面 146.5 米，它在公元 1300 年之前的三千八百多年里一直是世界上最高的建筑。这座金字塔建造得极为精准：它的底面四边形四条边长的误差平均值只有 58 毫米；地基离水平基准的误差在 ±15 毫米以内。金字塔正方形的地基和正北方向（不是地磁北极）基本平行，误差小于 4 分（1 分是 1 度的六十分之一），正方形地基同塔尖的偏心误差仅为 12 秒（1 秒是 1 分的六十分之一）。有人还发现，金字塔底面周长和高的比例是 6.285 714……这跟 2π 的数值差小于 0.05%。有些古埃及学家认为这是在设计中刻意达到的结果。不过也有人认为古埃及人并没有圆周率的概念，不会将它用在建筑物的设计上。他们认为观测到的金字塔斜率也许只是根据塔高和底面边长之比而做出的选择而已，并没有特意考虑建筑物的总尺寸和比例。

确实，并不是所有的金字塔都具有相同的斜率。比如另一座著名的弯曲金字塔，是埃及第四王朝的法老斯尼夫鲁（Sneferu，意思是"创造美好"，在位时间为约公元前 2613—公元前 2589）建造的。它有一个奇特的造型，是因为在它修建了将近一半的时候，由于某种原因，金字塔内部出现大范围的结构破坏，使原先的计划不可能完成。斯尼夫鲁选择把已经完成的塔底向四边扩展大约十五米，然后继续向上收窄直到完成塔顶。弯曲金字塔底层部分的斜率是 55 度 27 分，而上层部分则变成 43 度 22 分，使整座建筑呈现出弯曲的外表。弯曲金字塔在人类建筑史和埃及金字塔研究中都有非常重要的意义；在此之前的金字塔都是阶梯式的。比弯曲金字塔更早的是美杜姆金字塔。它是埃及人第一次尝试建造平滑金字塔的成果，但很可能在弯曲金字塔建造期间就坍塌了。考古研究表明，美杜姆金字塔在建造时就已经显出不稳定的迹象，因为它内部的房间有不少由大木梁支撑着。自美杜姆金字塔以后，斯尼夫鲁改用巨石垒出拥有平滑斜面的真正金字塔。弯曲金字塔是斯尼夫鲁在位期间建造的第二座金字塔，在它之后终于出现了人类历史上第一座完美的金字塔——红色金字塔。

红色金字塔是斯尼夫鲁的陵墓，所在地距弯曲金字塔北面大约一公里。它的斜率是 43 度，跟弯曲金字塔的上半部分相同，因此非常稳固。这个设计是将美杜姆金字塔和弯曲金字塔改进以后的结果。红色金字塔高 104 米，底面边长 220 米。而它的建造仅仅花了十年时间（也有人认为是十七年）。胡夫金字塔是最大的金字塔，高 146.5 米，底面边长 230.4 米，估计使用的建筑材料达 590 万吨。建造胡夫金字塔用了二十年，也就是说，为了建造它，古埃及人平均每天要运送和安装 80 吨的建筑材料。这样浩大的工程在四五千年前难道不是奇迹吗？

在另一部古代纸草记录"柏林纸草书"里，还有一类问题，对于当时的人们来说，它们非常复杂。比如这个问题，用现在的代数语言描述是这样的：

$$x^2 + y^2 = 100$$

$$\frac{x}{y} = \frac{1}{3/4}$$

这类问题，我们今天是把第二个等式，也就是 $y = \frac{3}{4}x$，直接代入第一个方程，求得 x^2 之后再开平方。古埃及人却不这样做。他们先假定 $x=1$，这样，$x^2 + y^2 = \frac{25}{16}$。$\frac{25}{16}$ 比 100 小 $64=8^2$ 倍，所以真正的 x 是 1 的 8 倍。

古埃及人似乎对理论不感兴趣。他们满足于实际测量，便把精力放在建造宏伟的建筑上面。

大约在公元前 7 世纪的某一天，一位腓尼基人来到埃及，跟随祭司们学习几何数学和哲学。这位腓尼基人出生在古希腊人的殖民地爱奥尼亚地区的城邦米利都，也就是今天的土耳其城市米雷特。这个人名叫泰勒斯（Thales，约公元前 624—约公元前 547）。古希腊最后一位哲学家普罗克洛斯（Proclus，公元 412—公元 485）对他有较为详细的介绍，说泰勒斯在埃及看到了几何学的重要性，就把这门学问带到了希腊。他是人类历史上第一位提倡理性主义精神和普遍性原则的人，被称为"哲学史上第一人"。泰勒斯是一个多神论者，认为世间充满了神灵，万物都有生命。传说毕达哥拉斯（Pythagoras，约公元前570—公元前495）早年也拜访过泰勒斯，并听从了他的劝告，前往埃及做研究。

希罗多德告诉我们，泰勒斯曾经准确地预测了公元前585年5月28日的日全食。他还能解释尼罗河泛滥的原因，靠观测来估

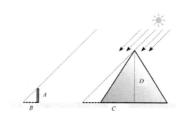

泰勒斯通过金字塔的阴影来估算金字塔的高度。上图中，A 是参考木杆，B 和 C 分别是木杆和金字塔在阳光下的阴影的长度。知道了 A、B 和 C，就可以算出阳光与地面的夹角和金字塔的高度 D。

算船只距离河岸的距离，并通过金字塔的阴影来计算它的高度。后两种计算说明他对三角学已经有相当深刻的认识。他证明了几何上的一个定理，这个定理说，如果 A、B、C 是圆周上的三点，而且 AC 是该圆的直径，那么角 ABC（用 $\angle ABC$ 来表示）必然是直角。换句话说，直径所对的圆周角永远是直角。虽然古埃及人和古巴比伦人好像都已经知道这个结论，但没人能够证明它。这个定理现在被称为泰勒斯定理。另一个定理有时也叫作泰勒斯定理，但是为了和前一个定理分开，现在一般称为截距定理。简述如下：

如果 S 是两条直线的交点，另有两条平行线，它们分别和过 S 点的两条线相交于点 A、B 和 C、D（图4），那么以下定理成立：

1. $\dfrac{SA}{AB} = \dfrac{SC}{CD}$，$\dfrac{SB}{AB} = \dfrac{SD}{CD}$，$\dfrac{SA}{SB} = \dfrac{SC}{SD}$。

2. $\dfrac{SA}{SB} = \dfrac{SC}{SD} = \dfrac{AC}{BD}$。反之，如果两条相交的直线被一对任意直线所

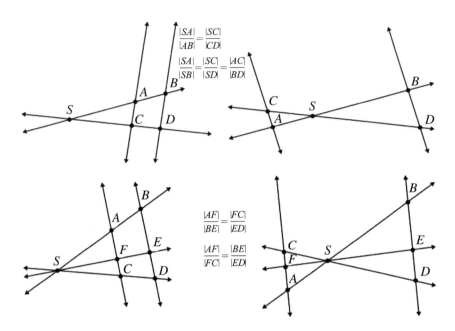

图 4：截距定理的示意图

截，而且如果 $\dfrac{SA}{AB} = \dfrac{SC}{CD}$ 成立，那么那对任意直线一定相互平行。

3. 如果有两条以上直线相交于点 S，那么 $\dfrac{AF}{BE} = \dfrac{FC}{ED}$。

从这三个定理我们还知道，图 4 中的三角形 SAC 和三角形 SBD 相似，而且相似三角形的相应的线段之比相等。

泰勒斯的定理是所有几何定理的开端。他还试图借助观察经验和理性思维来解释世界。比如他提出一个假说，"水是万物之本原"。他是古希腊第一个提出"什么是万物本原"这个哲学问题的人。由于他的杰出贡献，泰勒斯被称为"科学之父"。

自从泰勒斯从埃及回到希腊，那里的科学，特别是数学就朝着崭新的革命性的方向突飞猛进地发展。

追寻和谐的规律,你就会发现知识。

去了解你心中的世界,而不要去寻找世界中的你,否则你只会发出幻象。

镌刻在古埃及卢克索神庙墙上的箴言

人生最难的事情是认识你自己。

泰勒斯

你来试试看?本章趣味数学题:

1. 怎样通过"兰德纸草书"里面圆柱形谷仓的体积公式 $V=\left[\left(1-\dfrac{1}{9}\right)d\right]^2 h$ 来得到古埃及人对圆周率的近似值?

2. 胡夫金字塔的底面是边长为 230.4 米的正方形,金字塔的高为 146.5 米。计算金字塔的体积。

3. 你能想出来泰勒斯是如何测量金字塔的高度的吗?

第三章　爱琴海群英

湛蓝湛蓝的爱琴海，宛如一枚巨大的蓝宝石。大大小小的岛屿星罗棋布，是洒在蓝色沙盘里的绿色珍珠。这些珍珠星星点点，把欧亚大陆和希腊半岛串联在一起。靠近亚洲大陆的大岛叫希俄斯，它的东南面，几乎跟小亚细亚连在一起的，叫萨摩斯。爱琴海正中间有一串西北东南走向的群岛，群岛的最下端，有一个几乎看不见的小黑点，那就是德洛斯。

几艘大船正在鼓起白帆，自东向西航行，看样子是朝着雅典去的。突然，礁石岛后面蹿出十几条快船，飞快地排成一圈，把船队包围起来。眼看圈子越来越小，其中一艘大船加足马力，企图从包围圈内硬冲出去，小船放箭阻挡，大船上几个水手中箭，"扑通扑通"跌落海中。

眨眼之间，海盗船上已经投出绳梯，挂住了大船。衣衫褴褛的海盗们身手敏捷，像耗子一样飞速蹿上大船，手持大刀肆意砍杀甲板上四处奔逃的水手。海盗们赤裸的臂膀和胸脯上五彩斑斓的图案在血光中时隐时现。

白帆后面猛然跳出一个人来，头戴青铜盔，胸挂青铜甲，一手持盾，一手持剑，英武异常，直朝海盗们扑去。几个海盗被打倒在地，可是更多的海盗攀上船舷，把这位武士团团围住。那个人临危不惧，拼命搏斗，可是架不住对方人多，眼看着被逼到船舷，进退不得。他猛砍数刀，逼退敌人，自己大吼一声，纵身跳入大海。

这个人名叫希波克拉底（Hippocrates of Chios，约公元前470—约公元前410），本是希俄斯岛上一位大富翁。这次海盗把他的货物抢劫一空，同伴全部死于非命。希波克拉底能单身一人逃生，实在是太侥幸了。只是他一下子变成了穷光蛋，身无分文。以后的日子如何过下去？希波克拉底把自己关在房间里，冥思苦想了许久。终于有一天，他一跺脚，踢开房门，两手空空横渡爱琴海，去了雅典。

从此，茫茫人海少了一个商人，人类历史上多了一位数学家。

希波克拉底在少年时代曾经到离家乡希俄斯岛不远的萨摩斯岛求学，受到那里的毕达哥拉斯学派的影响，对他们的自然科学研究印象深刻，也为自己打下了相当坚实的数学基础。他来到雅典以后，潜心研究，兼收并蓄，不久便成就卓然。他写了一本教科书《几何原本》，这是古希腊四部有名的《原本》中最早的一部，书中系统地归纳了当时所知的几何学原理，是人类历史上利用基本概念、方法和定理来建立数学理论体系的首次尝试。一百多年后，欧几里得（Euclid，大约生活在公元前4世纪至公元前3世纪）撰写《几何原本》的时候，很可能是以他之前的三部《原本》为基础的。可惜他的这部手稿仅残

> **数海拾贝 ❹**
>
> 古希腊人留下三大著名的几何难题。二倍神坛只是其中之一，另外两个难题，一个是化圆为方，一个是三等分锐角。按照原来的规矩，所有的问题都必须用简单尺规作图的方式完成。
>
> 所谓化圆为方，就是找到一个正方形，使它的面积跟给定的圆的面积相等。这实际上是寻找圆周率的平方根$\sqrt{\pi}$（下图）。
>
>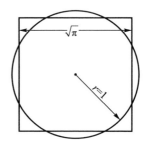
>
> 三等分锐角的问题比较容易理解：
>
>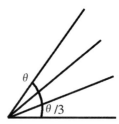
>
> 这三大难题乍看起来都非常简单，但是严格按照尺规作图的规定来解决却极为困难，最终都被证明是不可能的。无数的后人痴迷于这些难题，他们寻找答案的过程在很大程度上奠定了数学史的发展过程。

存于后人的书简之中,而其他两部则完全逸失了,只有欧几里得的《原本》存留于世。

希波克拉底来到雅典的时候,那里刚刚经历了瘟疫的肆虐。他立刻投入到解决二倍神坛的研究浪潮中去,并且很快就意识到这个问题的难度非同寻常。经过几年的潜心钻研,他发现这个问题实际上相当于一个等值几何比例的问题。

古希腊人是人类历史上首先对几何问题进行系统抽象研究,并建立理论体系的部族。他们发现了很多定理。这些定理乍一看上去,似乎属于"百无一用"之类的智力游戏,起码对升官发财、娶妻生子没有什么好处。可正是这样的活动促进了人类知识的发展,使我们逐渐有了现代的科学技术。

现在让我们考虑一个任意直角三角形 ABC(图 5),它的直角在 C 点的地方。如果从 C 点作一条直线,使它和线段 AB 垂直,并且交 AB 于 D 点,那么三角形 ABC 同三角形 CBD 以及三角形 ACD 相似,也就是说,它们的形状是一样的,不过大小不同。在这种情况下,它们对应的各条边的长度之间的比例相等,也就是说:

$$\frac{BC}{AC} = \frac{BD}{CD} = \frac{CD}{AD} \quad (4)$$

换句话说,点 D 把线段 AB 分成两段 AD 和 BD,它们同 CD 的关系是 $\frac{BD}{CD} = \frac{CD}{AD}$。古希腊人把这种关系称为几何比例。

希波克拉底发现,二倍立方的问题实际上等价于这样一个问

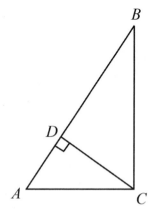

图 5:通过直线 CD 建立的三个相似直角三角形。三角形 ACD 和 CBD 的边长之间的关系呈几何比例

文史花絮 → 3

古希腊人自称为海伦的后代（Hellenes）。他们把自己的土地叫作 Hellas，中文"希腊"就是从这个名字译得的。古罗马人把他们居住的岛群称为 Graecia，这在英文里变成了 Greece。这个名字后来被大多数语言所采纳，因此希腊人就成了 Greeks。至今希腊仍自称为希腊共和国（Hellenic Republic），所以中文的名字更准确。从来没有一个叫作"古希腊"的国家。希腊由许多独立的城邦组成，城邦之间的战争从来没有间断过。

古希腊人认为自己是一个由移民融合而构成的民族。希腊的地理位置使得它有可能接触亚、非、欧三大洲的民族。在文化上，古希腊吸纳了苏美尔、巴比伦、古埃及、美索不达米亚等文明的元素。与众不同的是，古希腊人酷爱抽象思考，想要对世界的构成建立一套自洽的理论。

古希腊文明是指希腊自公元前8世纪开始的古风时期（Archaic Period）到公元前146年被罗马帝国征服之前这段时间的希腊文明。在结构上，古希腊是若干城邦组成的松散联盟，不仅占有希腊半岛，还占有小亚细亚很多地区，城邦之间不乏相互征伐。公元前5世纪，波斯王国兴起，几度进攻小亚细亚和希腊半岛，史称波希战争。雅典城邦引领希腊其他城邦取得两次波希战争的胜利，雅典城邦在公元前5世纪到公元前4世纪达到鼎盛。

亚历山大大帝征服整个希腊半岛后，希腊文明在地中海西岸到中亚的大片地区扩展。从亚历山大大帝逝世前后起，到公元前30年最后的继业者王国——托勒密王国在埃及灭亡为止，古希腊文明主宰了整个地中海东部沿岸，所以历史上称这个时期为希腊化时代（Hellenistic Period）。希腊化时代是希腊古典时代和罗马文化之间的过渡。同希腊古典时代相比，这个时期文化呈现逐渐下降或衰退的趋势。这个时期的特点之一是新一波的希腊殖民活动，以在埃及和西亚的各地区内建立殖民城市为主。

文史花絮 → 4

你知道吗？古希腊人是最早利用数学来研究和描述音乐里的音阶的。他们早就知道，两根琴弦，如果它们的长度比是2∶1，它们所奏出来的音节就相差一个八度；长度比为4∶3，那音节就相差一个纯四度；长度比为3∶2，音节就相差一个纯五度。于是他们说：世间万物的关系都能通过数字表达出来！正是这种信念使他们为人类的科学文化开创了崭新的天地。

那个多才多艺的阿基塔斯把古希腊的数学乐理提高到一个空前的高度。他证明了，全音阶的音程之间的关系具有 $n+1$ 比 n 的关系，比如，2∶1、4∶3、3∶2、9∶8，等等，而不可能具有等值几何比那样的关系。

阿基塔斯的另一个天才发明是机械鸟，他称之为"飞鸽"。根据史书上的记载，飞鸽是以蒸汽为动力飞翔的。今天仍有许多人在想办法复制他的发明。

题：给定两条已知的直线段，它们的长度分别是 a 和 b，现在需要找出另外两条直线段，长度是 x 和 y，使得 a 与 x 之比既等于 x 与 y 之比，又等于 y 与 b 之比。用代数符号表示，就是：

$$\frac{a}{x} = \frac{x}{y} = \frac{y}{b} \quad (5)$$

用现在的数学语言来说，x 是数值 a 和 y 的比例中项，y 是 x 和 b 的比例中项。由于这个比例关系，$x^2=ay$，$y^2=xb$。所以 x 是 a 和 y 的几何平均值，y 是 x 和 b 的几何平均值。等式（5）的特殊之处在于，这里有两套数值（a，x，y 和 x，y，b），它们的比例中项相等。这一类的比例中项叫作双比例中项。希波克拉底说，对边长是 a 的立方体和一条线段 b，使 $b=2a$，如果能找出它们之间的双比例中项 x 和 y，使得它们满足等式（5），那么 x 就是要找的立方体的边长。

从今天代数学的角度来看，这两个等值几何比例跟二倍立方的关系是很明显的，因为如果等式（5）成立，那么：

$$\frac{a^3}{x^3} = \left(\frac{a}{x}\right)^3 = \left(\frac{a}{x}\right) \times \left(\frac{x}{y}\right) \times \left(\frac{y}{b}\right) = \frac{a}{b}$$

所以已知一个边长为 a 的立方体，要想得到另一个立方体，使其体积是已知立方体的 $\frac{a}{b}$ 倍，我们只需要找到上面等式中的 x。在两千五百多年前，人们既不具有这种代数知识，也没有这种代数语言，能够看出两个问题的等价性是非常不简单的。古希腊人不会利用代数来思考，希波克拉底以后，古希腊的几何学家们就都去努力寻找满足式（5）的线段。

希波克拉底还花了大量时间研究化圆为方的问题，他唯一幸存下来的工作就是这方面的研究。他擅长演绎推理和归纳，常常把具体特定的数学问题转化为适用广泛的普遍问题，一旦普遍问题得到解决，特定问题就自动解决了。他还首次提出逻辑上的反证法，并且在数学论证中广泛应用；这个方法后来被亚里士多德在哲学上发扬光大。

他的另一个重要的发明是在几何作图证明当中使用字母，使得逻辑表述简洁而清晰。比如图 5 中的三角形；我们现在说，三角形 ABC，线段 AB、AC，点 A、B、C，等等，这种表达方式归功于希波克拉底。

希波克拉底去世不久，塔伦腾（Tarentum，在今天意大利南部）出了一位多才多艺的阿基塔斯（Archytas，公元前 428—公元前 347）。

意大利半岛的形状很像一只女士的长筒靴，塔伦腾就在靠近靴子跟的地方。这个城邦原是斯巴达殖民者在公元前 706 年建立的。它有意大利海岸最好的海港，因此对希腊的海洋活动具有重要战略意义。塔伦腾与斯巴达的历史渊源使它在伯罗奔尼撒战争中与雅典为敌。在阿基塔斯领导塔伦腾的时候，这个城邦的实力完全可以和雅典相抗衡。

阿基塔斯既是政治家、军事家、哲学家，又是数学家和天文学家。他在塔伦腾集军政大权于一身，运筹帷幄，号称一辈子没有打过败仗。大概是出于这个原因，他连续七届被选举为塔伦腾的总领。这违反了古希腊时代总领不可连续任职的规矩。但是，有一次他让出总领位置不久，塔伦腾的保卫战就出现失利，于是公民又拥戴他做总领。据说他和柏拉图是挚友，两个人甚至连生卒年份都很相近。柏拉图在叙拉古国王的手下遭难时，阿基塔斯曾经试图出兵相救。当时，柏拉图正在叙拉古努力推行他在《理想国》里面阐发的理论，不过成绩实在让人不敢恭维。柏拉图先是被叙拉古国王狄奥尼西奥斯一世（Dionysius I of Syracuse，约公元前 432—公元前 367）贩卖为奴，后来又被其子狄奥尼西奥斯二世（Dionysius II of Syracuse，约公元前 397—公元前 343）变相软禁。有人说，柏拉图在《理想国》中描述的乌托邦的哲学家国王，就是以阿基塔斯为原型的。阿基塔斯公正廉洁、仁义博爱，而且目光远大。在科学方面，他是欧多克斯（Eudoxus of Cnidus，约公元前 390—约公元前 337）的老师，而欧多克斯是柏拉图看好能够攻克二倍立方难题的人选之一。

希波克拉底对双几何比的发现使无数希腊几何学家大为振奋，纷纷跃跃欲试，争取第一个找到那个神秘的比值。他们大多从类似于图 5 的平面三角形出发，但求得结果的希望非常渺茫。阿基塔斯却找到了一个绝妙的办法，极其美妙地解决了问题——他跳到三维空间里去了。他的方法在数学史上备受赞叹，现在让我们用图 6—图 8 来介绍一下他的思路。

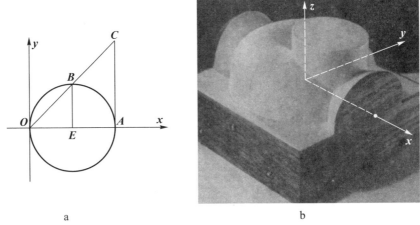

图 6：图 a 中 xy 平面内的圆，直径 $OA=a$。AC 是过 A 点的切线。BE 平行于 y 轴，E 点不一定在圆心。把 OC 绕着 x 轴旋转，生成一个对称轴为 x 轴的圆锥曲面。把圆 OBA 沿着 z 轴拉出直面，生成一个对称轴为 z 轴的圆柱曲面。把圆 OBA 以 x 轴为轴转动 90 度，再以 z 轴为轴转动 180 度，生成一个类似于甜甜圈的曲面。最终的结果如图 b 所示

设想在 xy 平面上有一个圆 OBA，它的直径是 $OA=a$（图 6a）。OB 是一条直线，点 B 落在圆弧上，线段的长度是 $OB=b$。我们的目的是找到 a 和 b 之间的双比例中项。现在把线段 OB 延长到点 C，使得 AC 是圆 OBA 在 A 点的切线。现在想象圆 OBA 沿着跟这本书的纸页垂直的方向朝外"长"出这本书的纸面，变成一个空心的圆柱。再想象直线 OC 绕着 x 轴旋转，变成一个空心的圆锥。最后，想象圆 OBA 绕着 x 轴旋转 90 度，变成一个落在 xz 平面上的圆，然后把这个圆绕着过点 O 的 z 轴旋转 360 度。这是一个什么形状呢？对了，这是一个中心缩

成一点的轮胎，或是甜甜圈。图 6b 是这三个三维曲面在 xy 平面上方的样子。

现在，让我们先看看甜甜圈和圆柱这两个曲面能切出什么样的曲线来。如果把甜甜圈通过中心点垂直切开，那么每个截面都是直径为 a 的圆（图 7a）。这些圆对应于图 7b、7c、7d 中的半圆 ODP。圆 OAQ 是在图 6a 里面位于 xy 平面的圆，由它生成的圆柱（图 7a 中蓝色的半个圆柱面）同这些半圆 ODP 交于点 P。从点 P 沿着圆柱的表面向 xy 平面做垂线，垂线与图 6a 中的圆 OAB 交于点 Q。想象半圆 ODP 绕着通过点 O 的 z 轴旋转，甜甜圈和圆柱的交点 P 随着旋转而变化，就构成一条在空间弯曲的线段。用现代数学的话说，这条曲线是点 P 的轨迹。

下面我们再把圆锥曲面考虑进来。图 8a 中，半圆 ZBM 是圆锥曲面通过点 B 同圆 OAB 垂直的截面，而且线段 BZ 垂直于线段 OA。M 是半

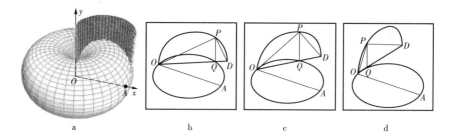

图 7：圆柱曲面与甜甜圈曲面交出来的曲线可以看成是 P 点的轨迹

圆 ZBM 上任意的一点。从点 M 向 xy 平面（圆 OAB 所在的平面）作垂线，交 ZB 线段于点 T。

现在回到图 7 中，在点 P 的轨迹中选择一个点，使半圆形截面 OPD 的底边 OD 与线段 OT 重合。换句话说，把线段 OT 延长到点 D，把线段 OM 延长到点 P，使半圆 ODP 与圆柱相交于点 P。从图 7 中，我们知道，这总是可以做到的。而且根据图 8，点 P 的垂线交圆 OAB 于点 Q。这样，三角形 OPD 里面包含了若干较小的三角形，比如三角

形 OMQ 和三角形 OTM（图 8b）。

既然角 OPD 所对应的线段 OD 是圆 OPD 的直径，角 OPD 一定是圆周角，根据泰勒斯定理，它一定是 90 度。换句话说，三角形 OPD 是

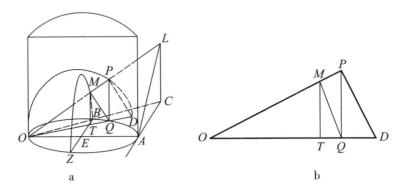

图 8：图 a 中圆柱面与甜甜圈的一个半圆弧 OPD 相交于点 P。这个点 P 也落在以 OA 为轴作成的圆锥面上。半圆弧 ZMB 具有跟圆柱相同的直径，所以它落在圆锥面上。直线 OP 是圆锥面上的一条直线。它交半圆弧 ZMB 于点 M。图 b 为三角形 OPD 在平面上的样子

直角三角形。三角形 OTM 也是直角三角形，因为 MT 是点 M 向 xy 平面所作的垂线。这两个三角形又有一个共同的角（角 POQ 或角 MOT），所以它们是相似三角形。因此：

$$\frac{OD}{OP} = \frac{OP}{OQ} = \frac{OQ}{OM} \quad (5a)$$

因为线段 OB 和 OM 都在圆锥截面的半圆形 ZMB 上面，所以 OM=OB=b。又因为 OD 和 OP 都在 xy 平面内的甜甜圈上，所以 OD=OA=a。这样，上面的等式就可以写成：

$$\frac{a}{OP} = \frac{OP}{OQ} = \frac{OQ}{b} \quad (5b)$$

这不就是等式（4）吗？根据我们关于等式（4）的讨论，找到了 OP，也就找到了问题的解。二倍立方的问题，相当于 $b = OB = \frac{1}{2}OA = \frac{1}{2}a$。点 B 是可以利用尺规作图的办法找到的。在图 8 里，$OM = OB = b$，$OD = a$，有了这几个参数以后，圆柱、圆锥和甜甜圈的大小就都确定了。下面的问题就是如何建立三维图形，寻找那个点 P 了。但这仅仅利用尺规作图是得不到的。

阿基塔斯制造了一种机械装置，根据上述作图的原理，专门用来计算两条比值为 $\sqrt[3]{2}$ 的线段。他是所谓"机械数学"方法（也就是利用机械来解决数学问题）的创始人之一。可惜他的机械装置已经失传了。这种"机械数学"方法实际上有着深刻的含义：他把数学问题转化为物理（机械）问题来解决。这在我们对图 6—图 8 的描述里可以看得很清楚：他是利用一些点按照某种规则在空间运行的轨道来处理二倍立方问题的。

阿基塔斯的过人之处不为他同时代的人所理解。与他同时的几何学家们几乎都看不懂他的分析，就连他的好朋友柏拉图对他的工作也不以为然。我们从历史学家普鲁塔赫（Plutarch，公元 46—公元 120）的著作中知道，柏拉图对利用机械解决几何问题的方式相当反感，认为它使几何学失去了永恒的纯洁和神圣。也许在柏拉图看来，几何学永远是平面的。

阿基塔斯两千三百年前的工作至今让很多数学家惊诧莫名。一些学者强调，我们对古希腊科学的发展还非常缺乏了解，这是因为许多珍贵的古希腊文献要么逸失，要么被故意销毁了。文艺复兴以来，大物理学家和数学家们都强调要仔细研读古希腊数学，从字里行间抓到它的"灵魂"。

梅内克缪斯（Menaechmus，公元前 380—公元前 320）走的是和阿基塔斯类似的路子——在三维曲面中寻找平均比的解。他把注意力放在圆锥上，发现如果用平面去切割一个正圆锥，平面与曲面相交，可以得到几种不同的曲线，这就是后来所谓的圆锥曲线（图9）。梅内克缪斯的几何推导也不容易理解，还是用现代的代数语言描述比较方便（也有点"投机取巧"）。先回到希波克拉底的问题，也就是方程式（4）。

由于 $\dfrac{a}{x}=\dfrac{y}{b}$，所以 $xy=ab$——这种曲线今天称为双曲线；

由于 $\dfrac{x}{y}=\dfrac{y}{b}$，所以 $y^2=bx$——这是抛物线；

又由于 $\dfrac{a}{x}=\dfrac{x}{y}$，所以 $x^2=ay$——也是抛物线，只不过把上面那条抛物线的变量（x、y）对调，再把 b 换成 a 而已。

有一些基本代数知识的读者马上可以看出，这三条曲线当中任何两条的交点都是几何比的解。所以梅内克缪斯给出两个解，一个相当于寻求抛物线 $y^2=bx$ 和双曲线 $xy=ab$ 的交点，另一个是找出两条抛物线 $y^2=bx$ 和 $x^2=ay$ 的交点。这当然不是梅内克缪斯的具体做法。和阿基塔斯一样，他也是通过一系列几何推理得到与此等价的结果的。

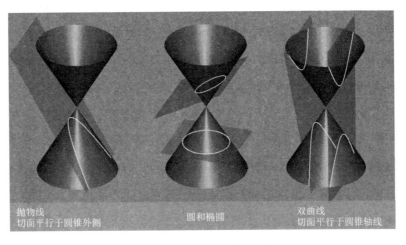

图9：圆锥曲线和圆锥之间的关系

不过，尽管梅内克缪斯发现了圆锥曲线，他还不晓得任何含有两个变量的方程都对应一条曲线。代数学还需要一千年才会开始——正因为如此，古希腊人利用几何原理所达到的水平才更加令人钦佩。

一晃五六百年过去了，五花八门的解决方法层出不穷。还有一些天才人物，他们已经越过 $x^3 = 2$，去研究更复杂的三次方程了。

对于数学家来说，最重要的莫过于数学的基础，而这个基础相当大的一部分来自古希腊。是古希腊人建立了基本原则，发明了第一性原理，并修正了基本术语。简言之，无论现代数学分析带来或将要带来什么新的内容，数学归根到底是希腊人的科学。

没有什么能比希腊数学史更惊人地、令人敬畏地表现出希腊人的天才。不仅是古希腊数学家所成就的那种神奇的广度和数量，更需要注意的是这些巨量的工作是在一个难以置信的短暂时间内完成的，而他们所具有的手段十分有限——至少在我们看来——仅仅是纯几何，加上一点平平常常的算法操作。

托马斯·希斯（Thomas L. Heath，公元 1861—公元 1940）：

《希腊数学史》（*A History of Greek Mathematics*）

你来试试看？本章趣味数学题：

1. 对一个任意直角三角形 ABC（图 5），证明 $\dfrac{BC}{AC} = \dfrac{BD}{CD} = \dfrac{CD}{AD}$。

2. 你能证明式（5a）吗？

3. 从梅内克缪斯的三条圆锥曲线

$xy = ab$

$y^2 = bx$

$x^2 = ay$

你能找出双比例中项的关系吗？

第四章　缪斯殿的笼中鸟

一条宽阔的大河浩浩荡荡流入地中海，入海处是一马平川。大河分出许多支流，河水在天空的反射下好像明亮的镜子，黄褐色的土地平平展展，一望无垠。远远地，一个小黑点正朝着出海口快速移动，不时闪烁着耀眼的金光。黑点越来越近，是一位金发飘飞的骑手，身穿金甲，手持金枪，胯下骑着一匹乌黑的骏马。马背上绑着巨大的口袋，一把尖刀插在其中。骏马飞驰，刀口处不断有面粉流出来，飘落在地上，形成一条细细的白线。

这位意气风发的骑手在历史上赫赫有名，他就是马其顿国王亚历山大大帝；而在那条细线所勾勒出的轮廓上，一座名贯古今的城市拔地而起，那就是亚历山大里亚，即亚历山大城。

成群的海鸥跟在亚历山大大帝的马背后，上下翻飞，争先啄食流出的面粉，这让他很不高兴。随军预言家赶紧告诉年轻的国王，这是个吉兆，意味着尼罗河口的亚历山大里亚将繁荣昌盛，为世人和万物提供衣食之所。

亚历山大里亚几乎在眨眼之间就成为世界的中心。古希腊历史学家、地理学家斯特拉波（Strabo，约公元前63—公元24）不无偏见地如此描述那个时代的亚历山大里亚：

"这座城市里住着三类人：首先是埃及人或当地土著，他们脾气暴躁，不大喜欢文明的生活；第二类是雇佣军人，他们人数众多，严厉可怕，难以控制……第三类是亚历山大里亚城的居民，他们也不大喜欢文明生活，但比前两类人好得多，因为他们虽然也是混血，但他们的根来自希腊，故而认同希腊的习俗。"

亚历山大里亚拥有大城市的一切：体育馆、剧场、选美比赛、各种各样的表演、成堆的金钱、心怀鬼胎的阴谋家、高谈阔论的哲学家、投机钻营的商贾、充满男僧女尼的圣所……形形色色，五花八门。阿多尼斯节期间，亚历山大里亚皇宫对外开放，人群潮水般拥入庞大的皇家花园。这位代表年年更新，生死轮回却永远年轻的神，外貌是个极为俊俏的男子。年轻是所有女人的愿望，所以阿多尼斯节是女人的节日。她们在节日期间拥入皇宫，高唱歌颂阿多尼斯的歌。

亚历山大大帝去世后不久，他手下的将军之一托勒密出兵接手埃及称王，自命为托勒密救世主一世（Ptolemy I Soter，公元前367—公元前282），开始了托勒密家族长达三百年的统治。这个家族所有的男性统治者都叫托勒密，公主和女王则都叫克利奥帕特拉或者贝蕾妮斯。他们是希腊人，却采纳了古埃及的风俗，自命为法老，甚至用古代法老们乱伦式的婚姻来传宗接代。许多托勒密家族的法老娶了自己的亲姐妹，和妻子共同统治国家，这使得宫廷政治变得非常错综复杂，而近亲繁殖的结果又让托勒密家族出现了许多肢体残缺、智力不健全的后代。

托勒密一世王位稳固以后，开始发展文化。按照古希腊的传统，他做的第一件事就是筹建缪斯神殿。很久以来，古希腊人就以神祇的名义建立庙堂，作为学术研究的中心，比如柏拉图学院、亚里士多德的吕克昂、芝诺的柱廊（Stoa，芝诺所创建的斯多葛学派就由此得名），还有伊壁鸠鲁的花园学校。托勒密决定以艺术女神缪斯为主神，修建缪斯神殿，于是就有了缪斯殿（Museum）这个词。这个词后来特指博物馆，因为神殿里总是收集各种各样跟艺术与科技有关的物品和典籍。也正是在这个缪斯神殿里，托勒密建造了当时世界上首屈一指的图书馆，在鼎盛时期它的藏书多达六七十万卷。

到过亚历山大里亚的古代旅行者把这座城市比作国王的战袍。它的形状是一个近于完美的长方形，坐落在大海和马留提斯湖之间，皇宫几乎占据了城市的三分之一。亚历山大大帝从一开始就为它制订了宏伟的蓝图，后继的王室又不断增加新的建筑和纪念碑。王宫是真正的城堡，高大的城墙四面环绕，可以轻而易举抗击外部的攻击，其格局参考了古波斯宫殿的设计。

图书馆坐落在城市的东北角，紧连着王宫。它周围是法庭、花园，还有饲养珍禽异兽的动物园。图书馆的中心是一座巨大的厅堂，内有拱形圆顶的餐厅，供所有的学者用餐。餐厅外的平台上设有天文观测台，周围是教室。至少有几十位学者长期住在这里，吃喝拉撒睡全由国家负担。这是世界上最早的科学院，也是当时最为先进的研究中心，它的研究囊括文学、历史、法律、天文、地理、物理、数学，解剖、医药、病理，机械、工程，几乎无所不包，为世界文明的早期发展做出了不可磨灭的贡献。当然，不是所有的人都赞同这种组织和工作方式。当时有一位名叫提蒙（Timon of Philius，公元前 320—公元前 230）的哲学家兼诗人就嘲笑说："人口众多的埃及专门培养书呆子式的抄书匠。他们把自己关在缪斯的鸟笼里，一辈子庸庸碌碌。"

可惜的是，这座图书馆早就被毁掉了。我们只能从前人的描述里面想象它的雄伟和辉煌：大厅的石板地磨得像镜子似的，头顶和四周全都是壁画，色彩灿烂，造型精美。大厅内纵横交错排满了高大的书架，书架上密密麻麻的方格子里存放着一卷一卷的"书"。那时候还没有纸张和我们现在书的样式。现代的书本格式是后来罗马人发明的。埃及有一种纸莎草，埃及人和希腊人把这种草晒干锤扁，制成莎草纸，用来书写，然后卷成卷，存放在书架上。莎草纸容易损坏，于是渐渐有了用小羊皮做的书，那都是珍贵的作品。学者们到处收集书卷，然后分门别类放进书架里。据说，最多的时候，这里藏书有七十万卷。

公元前 236 年，埃拉托色尼（Eratosthenes，约公元前 276—公元前 195）出任亚历山大里亚图书馆的负责人。这又是一个才干惊人的家伙，他既是当时首屈一指的诗人、运动家，又是出类拔萃的数学家、地理学家、天文学家。他编纂了四十四个星座的目录，其中包括每个星座的神话和传说，涉及四百七十五颗恒星，这部目录被后人称为最富有诗

文史花絮 → 5

　　古希腊人有个传统，他们以神祇的名义建立类似修道院的建筑和机构，并在那里做学术研究。传说远古的希腊有个英雄名叫阿加德摩（Academos）。荷马史诗《奥德赛》的故事的起因，是来自斯巴达的王后、全世界最美丽的女人海伦。海伦被特洛伊人帕里斯拐走，她的兄弟们出来寻找妹妹。阿加德摩告诉了他们海伦的所在。于是斯巴达人发誓，世世代代都要对阿加德摩表示感谢。因此在后来的战争中，每当斯巴达军队打到一个阿加德摩住过的地方，他们就会加以保护，不伤害那里的一草一木。雅典也有这么一块保护地。雅典人打不过斯巴达，就跑到保护地去避难。日久天长，人们在那里种植了好多悬铃木和橄榄树，那里也渐渐成为圣地，用来顶礼膜拜女神雅典娜。这个地方的名字就叫作阿加德米亚（Academia）。后来柏拉图在这里创建了学院讲授哲学和自然科学，名字叫阿加德米（Academy）。从那以后在很多语言里，阿加德米就变成了学院的意思。

　　在希腊化的埃及，托勒密决定以艺术女神缪斯（Muse）为主神，在亚历山大里亚修建缪斯神殿，于是就有了缪斯殿（Museum）——也就是博物馆——这个词。正是在这个缪斯神殿里，托勒密建造了当时世界上首屈一指的图书馆。

文史花絮 → 6

　　托勒密时期的埃及是一个奇妙而令人疑惑的王国。女王经常出现，妇女的地位高于男人。希罗多德在他的名著《历史》中对亚历山大里亚有这样的描述：

　　"在这里，人们的礼节和习惯同其他地方完全相反。比如，妇女参与买卖生意，而男人却待在家里的坐垫上……妇女站着小便，而男人却坐下去……"

　　我们不知道这个描述的真实性。但在托勒密时代的埃及，妇女的地位比当时世界其他任何国家都要高，这似乎是不争的事实。

意的科学文献。他第一个定义了地球的经纬度，创造了"地理学"这个名词，制作了第一幅世界地图。由于这些功绩，人们称他为"地理学之父"。他计算过地球与太阳之间的距离，并且发明了闰日。他最早通过观测太阳在冬至和夏至的高度差求出黄道倾角为23度51分19秒半。他还首创了年代学的科学方法，着手确定重大历史和文学事件的时间。公元前255年，也就是他二十一岁的时候，发明了世界上第一台测量天体球面坐标的仪器。在西方，这种天文仪器一直到19世纪还在使用，两千多年间为人类的天文探索做出了极大的贡献。

埃拉托色尼三十六岁的时候，开始着手测量地球的周长。在亚历山大里亚以南的西埃尼（今天的阿斯旺）附近，有一个小岛。岛上有一口深井，每逢夏至正午，太阳的影像恰好出现在井底水面的正中。也就是说，这时的太阳位于正天顶。这个奇景非常著名，埃拉托色尼把它选为第一个观测点。第二个观测点在亚历山大里亚图书馆外面，这里有一座很高的方尖塔，埃拉托色尼把它当作日晷，用来测量夏至时分塔影的长度，由此得到尖塔与太阳光线之间的倾角为7度12分，也就是整个圆周的五十分之一。如果地球是完美的圆球形，而且亚历山大里亚位于西埃尼的正北，那么两地之间的距离就应该是地球周长的五十分之一。埃拉托色尼测出两个城市之间的距离是5000斯塔迪亚（Stadia，古希腊和埃及的长度单位），于是他宣称，地球的周长是25万个斯塔迪亚。在当时，一个斯塔迪亚相当于600尺，可是当时有好几种不同的尺，互相之间的差别高达20%，今天已经很难搞清埃拉托色尼当时用的是哪一种尺。假定他用的是雅典的尺（其长度在各种尺中居中），一个斯塔迪亚相当于185米，那么他测到的地球周长就是46250公里。今天我们知道，地球的平均半径是6371公里，平均周长是40030公里。以当时的测量手段，能达到这样的精度，是相当的神奇的，更为神奇的是，他竟然能想到利用几尺长的日晷影子来测量地球这个庞然大物的周长。这需要何等的想象力和自信心啊！

跟阿基塔斯一样，埃拉托色尼也发明了一种机械装置，专门用来求平均比。他对自己的发明甚为得意，特意在亚历山大里亚竖立了一个石柱，题词献给托勒密。在献词中，埃拉托色尼仔细描述了自己的装置，然后说："不要用阿基塔斯的方法，它太困难了；也不要听梅内克缪斯的，去切割圆锥；更不要跟害怕神灵的欧多修斯那样，用一堆曲线去求解。你不会轻易找到答案的。"

可惜我们不知道欧多修斯的装置采用的是什么原理，他的发明早就逸失了。

埃拉托色尼之后，尼科梅德斯（Nicomedes，约公元前280—公元前210）在研究二倍立方时发现了蚌线，并用它来解决平均比问题。又过了几十年，狄奥克莱斯（Diocles，约公元前240—公元前180）发现并采用了蔓叶线。他还第一次证明了抛物线有聚焦的特性，我们今天使用的电视卫星天线小耳朵截面的形状就是抛物线。

如同诗人、文学家一样，古

数海拾贝 ❺

蚌线是满足方程 $(x-b)^2 \times (x^2+y^2) - a^2 \times x^2 = 0$ 的解，它的形状很像海蚌的外壳（下图）。图中红点是固定点，黑线是固定线。红、绿、蓝三对曲线都满足蚌线方程。蚌线的几何含义是从固定点到固定线上任何一点的距离 d 等于常数。对应一个给定的 d 值有两套实数解，也就是两条曲线。蓝色曲线是 d 值大于固定点到固定线的距离的情况，所以上面的蓝线在固定点处作环绕。绿线是 d 等于固定点与固定线的距离，红线是 d 小于该距离的情况。

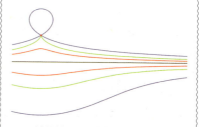

蚌线被用来在读尺（也就是利用有刻度的尺子）的条件下解决一些尺规作图无法解决的几何问题，如锐角的三等分和二倍立方。在西方古代建筑中，蚌线常常用来制作立柱的截面以增加美观和灵动感。

蔓叶线对应的方程为 $y^2 = \dfrac{x^3}{2a-x}$，其中 a 是常数。在半径为 a 的圆的一点 A 作一条切线，从原点 O（OA 为该圆的直径）作任意直线 OM_2。该直线交圆于 M_1。所有满足线段 $OM=M_1M_2$

希腊的几何学家们努力追求自己工作的特色风格，追求与众不同的灵气。很多城邦甚至乡镇都有自己的几何学俱乐部，就像今天网上的文学爱好者，无论生活多么繁忙艰难，研究写作绝不荒废。他们把研究结果誊写在埃及莎草制作的纸页上，卷成卷，以书信的方式寄给同行和朋友，互相学习，互相切磋，互相褒贬，互相竞争。同行相轻当然免不了，但他们带着宗教般的虔诚孜孜矻矻，锐意独创。一系列的努力催生了五花八门的数学方法和出人意料的成果，促成了丰富的数学发现和机械发明，可就是没人能用尺规作图的方法找到方程式（1）的最终结果，也就是那个 x。

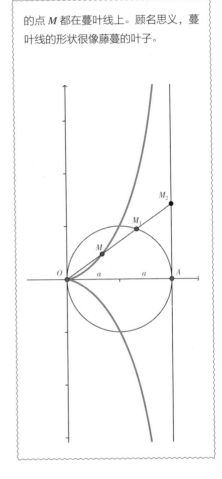

的点 M 都在蔓叶线上。顾名思义，蔓叶线的形状很像藤蔓的叶子。

实际上，使用这个方法，他们永远也不可能找到问题的解。雅典大灾疫两千三百年之后，法国人皮埃尔·旺策尔（Pierre Wantzel，公元1814—公元1848）从数学上证明，这个问题，以及化圆为方、三等分锐角等古希腊人苦苦思索的问题，都是尺规作图解决不了的。

有人说古希腊人早就预感到这一点了，只不过没办法证明而已。这就是为什么他们开始抛开二倍立方，转而研究更为复杂的数学问题的原因。

> 学习的天性是好奇心……撬入每一样事物，对任何一件事，无论是物质的还是非物质的，如果得不到解释，就不得安宁。
>
> 亚历山大里亚的费罗（Philo of Alexandria，公元前 25—公元 50，犹太裔哲学家）

亚里士多德说过，人类的天性就是要认知。古希腊人比其他任何古代人群更渴望知识；仅仅为了要了解而去认知，这对于他们来说是纯粹的天性和热情。从他们对冒险的热爱就可以看到这一点。在《奥德赛》里，俄底修斯被尊崇为英雄，只是因为他"经历许多城市、许多人，并了解他们的心智"；他经常不惜冒着生命危险去探险，只是为了满足自己不断开阔眼界的热情。比如，他去寻找独眼巨人，单单是为了要确定他们"到底是怎样的人物，是不是暴力粗野，缺乏正义判断的能力，或者也许是热情好客，对神祇有所敬畏"。

托马斯·希斯：《希腊数学史》（*A History of Greek Mathematics*）

你来试试看？本章趣味数学题：

1. 埃拉托色尼告诉我们，西埃尼和亚历山大里亚之间的纬度差是 7.2 度。让我们假定这两个城市坐落在同一条经线上。已知地球的半径是 6371 公里，那么这两个地点的地面距离是多少？

2. 为什么在两个纬度相差好几度的地方，在同一个经度，同一个时间，阳光仍然可以看成是相互平行的？

第五章 "不要碰我的圆"

拂晓之前，天空墨蓝深邃，一眼看不到边。海岸峭壁上的叙拉古城墙上，无数火把在闪动，浑身铠甲的武士四处奔跑，匆匆忙忙地把大小不一的石弹分门别类地堆积在城垛上。各种奇形怪状的机械已经支架在城墙上，面对着脚下的大海。乒乒乓乓的兵器撞击声、高高低低的呼喝声，到处是喧嚣和忙乱。一位清癯的老人赤足站在城头，银发银髯和雪白的亚麻长袍在海风中剧烈地抖动着。

峭壁之下惊涛拍岸，雪白的浪花腾空而起，水雾蒸腾。远处，墨一般漆黑的海面上，密密麻麻的战船正鼓着风帆，朝着叙拉古飞速逼近。

埃披库代斯（Epicydes，生卒年不详）全身披挂，气喘吁吁地跑到老人面前："老师，罗马人越来越近了，怎么办？"

老人的目光紧紧盯着飞驰而来的战船："准备第一套投石机。"

血红的太阳猛地跳出海面，罗马水军开始了第一轮进攻。沉重的飞石带着尖锐的呼啸砸落在城墙上、城池内。一块大石头落在城头几个战士当中，轰然一声。守军惊慌失措，开始出现混乱。指挥官拔出腰间的短剑，挥舞着，大声发出命令，战士们渐渐恢复了秩序。

老人对于周围发生的一切似乎都无动于衷，两眼一刻也不离海面的罗马舰队。终于，他向埃披库代斯挥了挥手："启动第一套投石机。"

守城的将士早已按捺不住了，巨大的投石机把磨盘大小的石块密密麻麻投向敌船，石头砸破船帆，砸断桅杆，砸漏了甲板。有些甚至落到罗马水兵身上。工夫不大，差不多三分之一的敌船便失去了战斗能力。城头的将士忍不住大声喝起彩来。

这时，老人伸出两只手指："第二组投石机。"

剩下的敌船已经接近城墙，进入小型投石机攻击的范围。石头小了，可是飞行速度却更快，射击密度也越发大了，冰雹一般倾泻而下，罗马士兵纷纷落水，剩下的一个个躲在盾牌后面不敢露头。

罗马共和国执政官、征讨大军统帅马克卢斯（Marcus Claudius Marcellus，约公元前268—公元前208）在流星般的飞石面前巍然挺立，铠甲闪亮，簪缨光鲜。他挥挥剑大声吼叫，八艘怪模怪样的战船随之从舰队中飞驰而出。

这八艘战船事先经过改造，每两艘为一组，各把左侧或右侧的船桨撤掉，由几块登舱板从侧面连在一起，变成一艘很宽的大船，上面安装着一种名叫Sambucae的攻城机。攻城机操纵着三四尺宽的梯子，很长，足够把另一端搭在城墙顶上。梯子的两侧装有齐胸高的防护墙，还有一个由藤条编制的护顶。四个士兵坐在防护墙里，靠近梯子的顶头。攻城时，先把梯子平放在连接两艘船的登舱板上，梯子的顶端远远伸出船头。攻城机上装有滑轮，滑轮的绳索拴住梯子顶端。划船手在盾牌的掩护下把船靠近城墙，靠近船尾的士兵抓住绳索的另一端，吆喝着三把五把就把梯子斜立起来，靠向城墙。躲在攻城机里面的士兵这时已经接近城头，一跃跳上城墙，立刻全面投入战斗。其他的士兵趁势蜂拥而上，给予援助。这种攻城机械在罗马人进攻其他希腊城池的战斗中非常有效。

可是，就在八艘船靠近城墙的时候，白衣老人已经指挥守军推出了十几部奇特的机器。一根根又粗又长的木梁远远伸出城墙，顶端挂着巨石和沙袋，每个都有几百斤重。木梁的尾端装在一种万向接头上，可以自由地转来转去。守城士兵把重物对准了攻城机，一按机关，重物就飞落而下，把其中的士兵砸得四散奔逃，不仅攻城机的梯子折断，船的甲板破碎，甚至船都被砸翻了。另外一些木梁顶端挂了铁爪，由铁链控制着，可以抓住敌人的船头。然后转动杠杆，木梁就高高抬起，把船头拉得朝天直立，悬在空中，船上的水兵惊恐万状，失声尖叫，纷纷落水。其他战船上的罗马士兵仰头看着死鱼一般挂在空中的船只，嘴巴大张，呆若木鸡。突然，铁爪张开，空中的船失重落水，不是底朝天，就是头

文史花絮 → 7

阿基米德有许多独出心裁的发明。除了我们文中的武器以外，据说他还利用光学的聚光原理，用千百面铜镜把阳光聚集在罗马战船的布帆上，使战船起火。罗马军队中曾经流传一种说法："阿基米德是神话中的百手巨人。"阿基米德没有留下任何防御武器的手稿。下图是后人想象中的阿基米德"抓船器"。

阿基米德利用杠杆原理发明了滑轮。他年轻时在埃及旅行，见到人们从尼罗河中取水，十分吃力，便发明了螺旋抽水机，如下图所示。

最早的抽水机是用青铜制造的。圆筒内部的螺旋形转片，是阿基米德发明的。这个形状后来用来制造螺丝钉和螺栓。今天，哪一台机器没有螺栓呢？

可是你知道吗？早在春秋战国时代，中国就有利用阿基米德螺线的机器了。2004 年，华裔美国博士后陆述义（Peter Lu，公元 1978— ）在《科学》杂志上报告了他对一枚带有螺旋形凹槽的玉环的研究（右图）。这枚玉环出土于河南一座春秋楚墓，有十条纹路，每一条都满足阿基米德的极坐标螺线公式：$r = \rho \times \theta$，（r = 半径，θ = 角度，ρ = 常数）。其精确程度显然不是手工能达

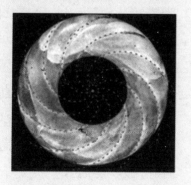

到的。陆述义用一台旧留声机模拟再造了一个加工装置。古墓的主人死于公元前 550 年左右，这比阿基米德早了三百年。

朝下。一只只罗马战船灌满了海水，只好退出战斗。

这时候，城头的弓箭手们抄起老人设计的外号叫作"蝎子"的快弩，朝着峭壁下的罗马士兵发射短而尖利的铁钉。铁钉雨点般钻入敌群，没有片刻停息。罗马士兵被迫躲在盾牌后面，不敢抬头。

罗马人的攻击停止了，城头上欢声雷动。

这时，一个全副武装的甲士跑到埃披库代斯面前，上气不接下气，脸色苍白："将军，罗马人正从东面由陆路进攻！"

埃披库代斯和老人火速奔向城东。

罗马大将军、元老院议员普尔凯尔（Appius Claudius Pulcher，生卒年不详）率领的罗马步兵推动装有轮子的巨大塔屋和能伸能缩的梯子，正在接近城门。老人和埃披库代斯来到这里，立即指挥启动投石机和石炮，猛烈的火力使敌人还没靠近城墙就遭受很大损失。顽强的罗马人不屈不挠，以惨重的代价终于推进到距离城墙一百多米的地方。这时，城墙突然张开无数楔形的箭孔，这些箭孔外面小、里面大，从中射出铺天盖地的箭雨，转眼之间罗马士兵又成片地倒下去。那些带轮子的攻城机也被巨石砸烂，如同海中的攻城机一样。还有一些罗马士兵被铁爪抓到空中，然后被重重地丢下去。

这时，老人挥手示意，守军把所有的机器全都搬了出来，大大小小各式各样的石炮、投石机同时发射，一场石块和石弹的暴雨呼啸着铺天盖地砸向敌人。声音之大、力量之巨，真是摧枯拉朽，势不可挡，罗马人难以招架，乱成一团。城头、城内，叙拉古人欢呼跳跃，大声喊着老人的名字：

"阿基米德！阿基米德！"

欢呼声震天动地，沿着辽阔的海面向四周传播出去，经久不息。

这场战争发生在公元前213年。那时，阿基米德（Archimedes，约公元前287—公元前212）已经七十四岁了，早已从亚历山大里亚学成，回到了故乡叙拉古。

虽然阿基米德以发明奇巧的机器闻名后世，他自己对这些发明却嗤之以鼻，甚至深恶痛绝，因为这些杀人的工具同科学的目的背道而驰。关于这些发明，他没有留下任何文字，他的真正兴趣在于数学、力学和天文学。阿基米德比中国的祖冲之还要早七百年就对圆周率做了深入的研究。为了确定圆周率 π，他把圆切成若干相等的三角形，利用逐渐逼近的方法得出结论：π 的数值一定是在 $3\frac{1}{7}$ 和 $3\frac{10}{71}$ 之间。$3\frac{1}{7} \approx 3.14285714$，$3\frac{10}{71} \approx 3.14084507$，而我们今天知道，$\pi \approx 3.141592654$。而且，利用阿基米德的方法，我们可以求到 π 的任意位小数。

找到了 π，阿基米德接着寻找球体的体积公式。他的做法极其富有创造力，我们不妨仔细研究一下。请想象分别有一个圆柱、一个圆球和一个圆锥。圆柱的高和圆球的直径（d）相等，圆锥底面的直径与圆柱底面的直径相等，都是 $2d$。阿基米德已经知道，圆柱的体积是 πd^3，圆锥的体积是 $\frac{\pi}{3} d^3$。他把三个物体重叠画出来，如图 10 所示。现在他作一个任意的垂直于轴线 AC 的截面 MN。由于轴对称性，他看到，只需要把图 10 当作平面几何来处理，然后绕着 HC 轴旋转就能得到三维的解。

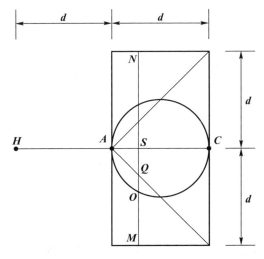

图 10：三个物体的剖面图。注意这三个物体对于轴 HC 具有轴对称性

在图 10 的平面上，阿基米德已经知道——

$$(AS)(SC) = (SO)^2 \quad (6a)$$

这是个简单的几何问题。（还记得双比例中项的问题吗？请想象出一个以 AOC 为顶点的三角形，由于圆内任何一个以圆的直径为边的三角形都是直角三角形，所以我们自然就可以推出 $\dfrac{AS}{SO}=\dfrac{SO}{SC}$ 的结论。如果你对这个问题感到困惑，请再次阅读本书的第三章。）然后，他开始利用几何知识进行下面的简单的代数运算。阿基米德是使用语言来描述他的运算结果的，以下是其运算用现代的代数符号的表达：

在等式（6a）两边同时加上 $(AS)^2$，得到：

$$(SO)^2+(AS)^2=(AS)(SC)+(AS)^2=(AS)\left[(SC)+(AS)\right]=(AS)(AC)$$

参考图 10 我们可以一目了然地发现：
$(SC)+(AS)=(AC)$，因此这个等式也可以转化为：

$$(SO)^2+(AS)^2=(AS)(AC) \quad (6b)$$

现在考虑到三个物体的轴对称性，在等式（6b）两边同时乘以 $(AC)\pi$，得到：

$$(AC)\left[\pi(SO)^2+\pi(AS)^2\right]=(AS)\pi(AC)^2 \quad (6c)$$

参考图 10，我们可以发现，$(AS)=(SQ)$（我们在图 10 中可以找到六个三角形，并且可以证明它们彼此都是相似三角形，也都是等腰直角三角形，故此三角形 ASQ 的两个直角边长度相等），从图上我们还可

以一眼看出 $(AC) = (SM)$，所以（6c）就变成了：

$$(AC)\left[\pi(SO)^2 + \pi(SQ)^2\right] = (AS)\pi(SM)^2 \quad (6d)$$

这个式子里包含通过截面 MN 的球体、圆锥和圆柱的截面面积 $\pi(SO)^2$、$\pi(SQ)^2$ 和 $\pi(SM)^2$。

下一步，阿基米德做了一个令后人意想不到的事情。他说，让我们假设这三个物体是用同样的材料做成的，具有同样的密度（或比重）ρ，再假设这三个截面具有同样的厚度 Δ。在（6d）两侧同时乘以 $\rho\Delta$，

$$(AC)\left[\pi(SO)^2\rho\Delta + \pi(SQ)^2\rho\Delta\right] = (AS)\pi(SM)^2\rho\Delta \quad (6e)$$

这时，阿基米德沿着轴线 AC 作延长线 AH，使 $AH=AC$，于是把（6e）改写成：

$$(AH)\left[\pi(SO)^2\rho\Delta + \pi(SQ)^2\rho\Delta\right] = (AS)\pi(SM)^2\rho\Delta \quad (6f)$$

因为 $\pi(SO)^2$、$\pi(SQ)^2$ 和 $\pi(SM)^2$ 是通过截面 MN 的球体、圆锥和圆柱的截面面积，把它们都乘以 Δ 以后就变成了厚度为 Δ 的三个圆盘（或非常短的圆柱体）的体积。体积乘以比重是重量（更精确地说，我们今天叫作质量）。(AH) 和 (AS) 是距离。现在，让我们回想一下物理中的杠杆原理，式（6f）的含义是什么？

阿基米德的思路从几何跳到代数，然后又跳到物理。在他看来，(6f)对应着一个物理问题：如果把一个半径为 AC、厚度为 Δ 的圆盘挂在 C 点，那它必定跟同时挂在 H 点的两个厚度为 Δ 的圆盘达到平衡。这两个圆盘的半径分别是 SO 和 SQ。我们不妨想象一下，HC 是一根杠杆，支点在 A。半径为 SM 的圆盘悬挂在 S 点；在 H 点用一根长线，拴

住半径分别是 SO 和 SQ 的圆盘的中心，一上一下，杠杆就达到平衡了。至于这两个圆盘哪个在上哪个在下，并不重要。这个问题对于阿基米德来说，太熟悉了。他曾经讲过一句非常有名的话："给我一个支点，我就能撬动地球！"

由于点 S 是在线段 AC 上的任意一点，所以式（6f）对线段 AC 上的每一点都成立。阿基米德进一步论证说，现在我们把线段 AC 切割成若干相等的小段，每一段的长度是 Δ。既然（6f）对每个小段（长度以 S 来表示）都适用，我们把所有的小段从 S=0（A 点）到 S=d（C 点）都加起来应该也适用。这个过程，我们叫作求和。对于等式（6f）中的三个圆盘来讲，求和的结果是得到圆球、圆锥和圆柱的近似体积。我们可以想象把线段 AC 分割成越来越多的小段来求和，直到 Δ 小到使求和的近似体积完全等于三个立体的真正体积。由于圆柱的对称性，求和的结果相当于把整个圆柱悬挂在线段 AC 的中点。于是我们得到圆球（$V_球$）、圆锥（$V_锥$）和圆柱（$V_柱$）之间的体积关系：

$$(V_球 + V_锥) = \frac{1}{2} V_柱 \qquad (6g)$$

有了这个关系，圆球的体积就可以求出来了。不仅如此，知道了球的体积，球面的面积也可以得到。请读者自己想一想，为什么？怎么求得？

以上是阿基米德为了验证自己的结果而采取的思路。数学上更为完整的证明方法还是几何学，我们就不详细介绍了。他的切割、求和的思路包含了微分和积分思想的萌芽，这到将近两千年以后才被牛顿、莱布尼茨等人发现并发扬光大。

阿基米德的思路，至少有两点是前无古人，并且对后人的科学研究产生了深远影响的。第一，他把数学（在他的时代主要是几何学）和物理学融合起来，看到数学背后的物理学问题和物理学背后的数学问题。

这种融会贯通的思维方式使他的思路极为开阔，解决问题的思路也就多起来了。第二，他是人类历史上第一位采用"思维实验"的方式来解决数学和物理问题的。所谓思维实验，就是在脑子里利用已知的物理定律来构筑一种实验。这种实验在现实中可能由于实验条件的限制而无法达到，但是在原理上完全符合物理规律，就像上面他的杠杆平衡实验。后面这一点，后来被伽利略发挥到极致。

阿基米德给朋友留下遗嘱，希望死后在墓碑前竖立一个自己设计的纪念碑，那是一个圆柱，里面放着一个圆球。这是他最为骄傲的发现：球体的体积是其外切圆柱（球的直径与圆柱底面的直径相等，圆柱的高等于球的直径）体积的三分之二。

阿基米德是一个名副其实的怪人，离群索居，常常在深思中忘记吃饭，忘记洗澡，忘记往身上涂油（古希腊祭祀活动的要

> **数海拾贝❻**
>
> 在几何学中，切线指的是一条刚刚而且仅仅触碰到曲线上某一点的直线。更准确地说，当切线经过曲线上的某点（即切点）时，切线的斜率与曲线上该点的斜率相同。莱布尼茨（Gottfried Leibniz，1646-1716）定义一条曲线的切线是经过曲线上两个无限接近的点的直线。这两个无限接近的点就是切点。类似地，经过曲面上一群无限接近的点的平面是曲面的切面。

求）。人们不得不强迫他吃饭，抬着他去洗澡或者涂油，而这时阿基米德却不停地拿着水或油在自己身上涂画几何图形，继续思索。他是一个特立独行的人，一辈子只用叙拉古的希腊土话多利克语写作，然后以书信的方式寄给朋友和同好。他和埃拉托色尼是最为要好的朋友，他的大多数文稿都是寄给这位亚历山大里亚图书馆负责人的。亚历山大里亚和雅典在当时是影响最大的城市，人们都以讲雅典话或者亚历山大里亚话为荣。阿基米德的文字就好像今天的中国人用河南或山东地方方言写文章。可是他的文章追随者极多，因为其内容丰富，才华横溢。

如果说亚历山大里亚图书馆是合作研究的开端，那么阿基米德则

是独立思考的典范。他一个人在叙拉古冥思苦想，把力学问题引入几何学，采用思维实验的方式，从物理学的角度考虑几何问题的解决方法，因而被尊为"现代科学之父"。他可能非常高傲自大。据说他给亚历山大里亚的数学家们写过一封信，列举了几十条数学定理，没有任何证明的细节。他在信上说，这里面有两条定理是错的，看你们能不能找出来！

在大多数几何学家仍然迷恋于二倍立方的时候，阿基米德已经转去研究更为复杂的三次方程了。他考虑过这样一个问题：把圆球切成两部分，使它们之间的体积之比等于一个事先给定的数值（图11）。

用现代的数学语言来说，就是给定两个半球的体积比 $m:n$，求这两个体积的高 h 和 h'（注意 h 与 h' 之和等于圆球的直径）。经过一系列几何学的论证，阿基米德得到相当于如下的几何关系：

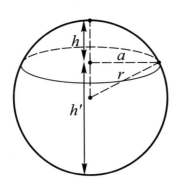

图11：阿基米德的球体切割问题示意图。把球体从顶部向下在 h 的地方切开，使上下两部分的体积比为 $m:n$

$$h^3 - 3h^2r + \frac{4n}{m+n}r^3 = 0 \quad (7a)$$

这里 r 是圆球的半径，$h+h'=2r$。显然，对于一个给定的半径 r 来说，这是一个关于 h 的三次方程。

怎样对这个方程求解呢？阿基米德首先把这个方程看成是下述方程的特例：

$$\frac{r+h}{b} = \frac{c^2}{(2r-h)^2} \qquad (7b)$$

这里 b 是一个具有长度单位的常数，c^2 是一个具有面积单位的常数。不难看出，如果 $bc^2 = \frac{4m}{m+n}r^3$，方程（7b）就回到了（7a）。但是（7b）仍然非常复杂。怎么办呢？阿基米德想出了一个非常聪明的办法。他看出方程（7b）里面有一个变数 h 和三个常数 b、c、r。他说，好吧，让我找另外一个变数 x，使它满足 $x = 2r-h$。再为了使方程简单，让我用另一个常数 a 来替换 r，使它满足 $a = 3r$。这么一来，方程（7b）就变成了：

$$(a-x)\,x^2 = bc^2 \qquad (7c)$$

这比前面的两个方程看上去简单多了，不过它比二倍立方的方程（1）还是要复杂得多。这个方法我们今天常用。对于一些结构较为复杂、未知数（变量）较多的数学问题，我们经常引入一些新的变量去代换原来的变量，使得方程的结构变得简单，从而达到解决问题的目的。这种方法叫作变量代换法。

阿基米德发现，可以用两个圆锥曲线的交点来求得这个一元三次方程的解。为什么呢？

还是利用代数表述比较容易理解。如果 $a \neq x$（阿基米德感兴趣的是分割球体，$h<r$，$x>r$，这个条件是满足的），我们可以把（7c）写成：

$$x^2 = \frac{bc^2}{a-x} \qquad (7d)$$

如果把这个等式的两边分别看待，它们各自代表了一条曲线。等式左边是抛物线 $y = x^2$，右边是双曲线 $y = \frac{bc^2}{a-x}$。当这两条曲线的 y 值相等的时候，我们就回到了（7a）。所以，（7a）的意思就是在 xy 平面上双曲线和抛物线的交点。

阿基米德通过几何作图得到的是抛物线 $x^2 = \dfrac{c^2}{a} y$ 和双曲线 $(a-x)\,y = ab$。他已经知道，如果两条曲线相切，他可以得到一个正数解；或者相交，就有两个正数解；不相切也不相交，就无解。他花了大量时间对这个方程求解。那个时代还没有所谓"变量"和未知数的概念，也没有如同等式（7a）到（7d）这类的表达方式。跟其他的希腊学者一样，阿基米德是用尺规作图的办法，完全靠着一条条直线和曲线的复杂关系一步一步艰难地进行工作的。

然而，他平静的研究生活终将伴随叙拉古城命运的改变而改变。

罗马人围困叙拉古整整两年。叙拉古城池坚固，粮储充足，看起来双方要无限期地僵持下去了，这对在外作战的罗马人很不利。这期间，马克卢斯征服了西西里的大部分地区，把北非来的迦太基人杀得节节败退。叙拉古保卫战期间，一个名叫达密普斯（Damippus，生卒年不详）的希腊人在海上被罗马人捉去，此人是被叙拉古城派出去寻求援助的。为了把他赎回来，叙拉古多次同罗马谈判，而马克卢斯也得以借此机会进出叙拉古城。经过仔细观察，他终于发现有一座塔楼附近的城墙容易翻越，而那里的守军散漫松懈。老谋深算的马克卢斯甚至估算好了城墙的高度。

阿尔忒弥斯节到了，这是 6 月的神圣日，叙拉古全城都在为月亮、狩猎和处女之神庆贺，流水般喝酒、疯狂举行体育比赛和狂欢，就像雅典全盛时期一样。靠着夜幕的掩护，马克卢斯不费吹灰之力就占领了塔楼。从这里，士兵们悄悄地爬上城墙，打开城门。等到叙拉古人发现情况不妙时，罗马军的号角已经在全城吹响。叙拉古人大惊失色，以为大势已去，四散逃命。其实，当时叙拉古城的各个主要关口还掌握在叙拉古人自己手里。

第五章 "不要碰我的圆"

黎明时分，马克卢斯从城门进入叙拉古。他站在城中的制高点，俯视这座美丽而宽阔的城市，百感交集，忍不住流下泪来。他知道，几个小时以后，这座城市将要变成一片废墟。这场战役实在赢得不易，罗马将士们对攻城时受到的挫折和羞辱耿耿于怀，个个咬牙切齿，只有将这座可恶的城市烧个一干二净，才能解心头之恨。马克卢斯没有忘记阿基米德，他命令士兵去请阿基米德，要把他带到罗马去。

阿基米德正在自己所画的几何图形前深深思索。面对罗马士兵滴血的短剑，阿基米德拒绝同行。或许他正在考虑他的一元三次方程吧，又或许那只是一个借口，他不愿意到罗马去效忠那个在他眼中十分野蛮的民族。不管真正的原因是什么，罗马士兵被他的"傲慢"深深激怒，便举起短剑，插入他的胸膛。

据说，倒在血泊中前，这位远远超过时代的奇人只说了一句话：

"不要碰我的圆。"

阿基米德死在罗马士兵手里，这个事件对世界的变化具有头等的象征意义：热爱抽象科学的古希腊人被现实且实际的罗马人赶下欧洲领袖的位置。古罗马人是伟大的民族，但他们因遭到诅咒而不育（作者案：指在科学上没有成就）。他们没有增进父辈的知识，他们的成就仅限于工程上的微小技术细节。他们不是梦想家，没能为更加根本地控制自然力量提供一个新视角。没有一个罗马人由于深深陷入对数学图像的思索而丢掉性命。

A.N. 怀海德（A. N. Whitehead，公元1861—公元1947）《数学引论》

（*An Introduction to Mathematics*）

你来试试看？本章趣味数学题：

1. 验证等式（6a）。

2. 通过等式（6g）证明外切球体的圆柱的体积是球体的 2.5 倍。

3. 已知球体的体积是 $\frac{4}{3}\pi r^3$，这里 r 是球体的半径。你能利用这个知识计算球体表面的面积吗？

4. 验证等式（7b）和（7c）是等价的。

第六章　黑衣布袋人

一百八十条汉子齐刷刷站在城头上，动也不动，黑衣、黑靴、黑头巾，身背黑布袋，浑身上下伤痕累累。他们的肤色也是黑黑的，而且形容枯槁，满面征尘。领头的汉子孟胜大声说："各位，阳城君把这座城池托付于我们之时，我们曾对他发誓，人在城在，城亡人亡。阳城君不地道，逃走了，可是我们的誓言还在。他无信，我们不能无信。现在楚王和吴起眼看就要攻破城门了，我们已尽了最大的努力，唯有履行诺言了。请各位准备吧。"

一个年轻人冲出人群，朗声道："巨子，我们的死如果对阳城君有益，倒也值了；可是我们墨家怎么办？师祖的得意弟子都在这里，墨家难道就此绝了不成？我们不能都死！"

巨子是墨家学派对大头领的称呼。孟胜对那个年轻人说："徐弱此言差矣！今天我们不死，将来世上求师选友择臣都不会轮到墨家。我们之所以死，正是为了延续墨家！我已将巨子之位传与宋国的田襄子了，还怕墨家后继无人吗？"

那个年轻人闻得此言，举起手中的刀，说："巨子之言有理，徐弱先去探路吧！"说罢，朝着自己的脖颈一挥。转眼之间，一百八十条汉子全部倒在血泊之中。

这件事记载在《吕氏春秋》里，发生于公元前380多年的楚国。所有的记述都有据可查，只有黑布袋是我加上去的。

在我看来，这些汉子一定是身背布袋的，因为他们的师祖是墨子。

墨子（约生活于公元前479年至公元前381年之间）是中国历史上最具有古希腊科学民主精神的人物，他的出现比阿基米德还早了二百年。那时中国处在春秋战国时期，到处战乱频仍。他四处跋涉，一面宣

文史花絮 → 8

墨子的"机关术"是专门用来研究防御武器的。他发明的籍车，也就是抛石机，跟阿基米德的设计类似。重型武器转射机和连弩车，一个用来转动着放箭，一个可以连续放箭。前者机长八尺，埋入地下一尺，以抵抗强大的反作用力。后者的长度和城墙厚度相等，有两个车轴、四个轮子。铜弩重达一百五十斤，需要人操作，能连续放箭六十支。此外他还有以下发明：

蒺藜：分木、铁两种。铁蒺藜高四尺，广八寸，长六尺以上；木蒺藜稍小。蒺藜要犬牙交错地施放，布置于敌军必经之通道上，以阻断敌方车马和士兵的行动。

渠：也就是梯渠。这是埋在城墙外六尺有余、直立的柱子，柱上凿两孔，以一根中部凿孔的横木（即臂）与柱交叉做成十字，再张渠面，固定在城墙上。这是为城墙准备的固定的大盾牌，用来阻挡敌军的矢石。

籍幕：长八尺，广七尺，张之城上以挡矢石，有人认为它是用粗麻绳排列制成的软帘。

攒火：即火把。束之矢末，投射城下以烧敌军。

冲车：可能是载有巨木的小型撞车，用以在城上冲撞敌方攻城的云梯。

轺车：载运兵器箭镞的车子。

可惜这些东西都失传了，我们只能从后来的兵器中找到一些墨子器械的蛛丝马迹。

墨子的后人结成中国最早的民间结社组织，有着严密组织和严格纪律。墨家的成员都自称为"墨者"，所谓"墨子之门多勇士"。其领袖称为"巨子"，由上代指定，代代相传，在团体中享有至高无上的权威。墨者多来自社会下层，以"兴天下之利，除天下之害"为目的，把维护公理与道义看作是义不容辞的责任。他们吃苦耐劳、严于律己，重义轻利，尤重艰苦实践，"短褐之衣，藜藿之羹，朝得之，则夕弗得"（穿老百姓的衣服，吃野菜拌饭；早上吃了饭，晚上就不吃了）。

讲"兼爱""非攻""尚贤""尚同",一面帮助弱小国家抵抗大国的侵略。他的兼爱远不同于孔子的仁爱,是不论身份、地位、地域的,是一种伟大的博爱。因此,他反对战争,因为战争是对平民百姓生命权利的剥夺。他主张推举有贤才者来担任管理者甚至国君,而且从国君到百姓都应该上同于天志,实行义政。他说:"为不使天下人挨饿,我曾想去种地,但一年劳作下来又能帮助几人?为不使天下人挨冻,我曾想去纺织,但我的纺织技术不如一个妇女,能给别人带来多少温暖?为不使天下人受欺,我曾想去帮助他们作战,但区区一个士兵,又怎么能抵御侵略者?这些作为收效都不大,我明白了,不如以历史上最好的思想去晓喻王侯和百姓。这样,国家的秩序、民众的品德,都能得到改善。"

胡适说:"墨家论知识,注重经验,注重推论,看《墨辩》中论光学和力学的诸条,可见墨学者真能做许多实地实验。这正是科学的精神,是墨学的贡献。"墨子在科学上的贡献远远不止这些。就拿几何学来说吧,墨子是中国历史上少有的,甚至可能是绝无仅有的注重基本概念的早期科学家。他首次定义了几何学里"点"(他叫作"端")的概念:"端,体之无厚而最前者也。"意思是说,一个物体含有很多的构成部分(体),"端"是其中没有量度而处于最边缘的部分。有人说这句话隐含着物质无限可分的意思,可能有些解释过度了。但他把点定义成没有体积的立体图形,意思是很明确的。这种仔细挖掘,精密定义概念的理论几何学精神在中国绝无仅有,很可能被只重实际、轻视理论的人看成是迂腐可笑的。

墨子也是中国逻辑思想的重要开拓者,他第一次提出了"辩""类""故"这些逻辑概念,并且要求把"辩"作为一种专门的知识来学习。由于他的倡导和启蒙,墨家养成了重视逻辑的传统,后期建立了第一个中国古代逻辑学体系。他在数学、天文学和光学方面的贡献在中国是空前的,在几何学、天文学和光学方面的贡献在中国也是绝无仅有的。他在某些方面很像阿基米德,他精于设计计算,兼做木工瓦工，背上的布袋子一刻也离不开。他设计了许多守城的器械，用这些器械帮助弱小的国家抵御大国的侵略。

有一个非常有名的故事，说楚王想入主中原，计划攻打宋国，雇用了有学问、有技术的公输班，制造攻城器械。要知道，知识可以卖钱，有时可以卖很多钱。世界上很多有知识的人为了金钱出卖灵魂。墨子听说了这个消息，马上冒着生命危险，徒步赶到楚国的都城郢城，去说服楚王。墨子向楚王说明，自己制造的反攻城器械足以抵御公输班的云梯。楚王动了除掉他的念头。可他告诉楚王，墨家三百个精干的弟子已经拿了这些器械守卫在宋国的城头。楚王只好放他走，并打消了攻打宋国的念头。鲁迅的小说《非攻》，写的就是这个故事。故事里的墨子"像一个乞丐，三十来岁，高个子，乌黑的脸"。他脚踩破草鞋，身背破铜刀，总是急匆匆地赶路，靠破包袱皮里裹着的干窝窝头和盐渍藜菜干来充饥。他每次出行，都能拯救成千上万人的性命。

我们可以想象一个精瘦黝黑的汉子在泥泞的小路上跋涉，有时雷雨交加，有时风雪交集。他那一身缝满了补丁的黑色衣服被汗水湿透，紧巴巴地贴在身上，裤腿卷到膝盖以上，露出一双干干的木棍般的腿骨，脚上的破草鞋沾满了泥巴。他背后斜背着一个黑色的布袋，每走一步，布袋就发出轻微的"哗啦哗啦"的声音。他把自己叫作"贱人"，一生"以自苦为极"，就是把吃苦的事情做到了极限。这个乞丐一般的人，是中国历史上一个难得的真正的人。孟子称赞他说"墨子兼爱，摩顶放踵利天下，为之"。

墨子的弟子基本上是由社会下层手工工匠、刑徒、贱役等人组成的，他们都只穿布衣草鞋，生活勤俭。他们的组织有点像一个综合了宗教性和政治性的社团。他的门徒多能吃苦耐劳，手足胼胝、面目黧黑，"腓无胈，胫无毛，沐甚雨，栉疾风"，也就是说大腿无赘肉，小腿无毛（长期光着腿走路磨的），经得起大风大雨。墨子的弟子到各国去做官，也必须遵守墨家的纪律，推行墨家的主张，还要向这个团体交纳一定的俸禄。墨者都能仗义执言，见义勇为，赴火蹈刃，死不旋踵。他们奔走在齐、鲁、宋、楚、卫、魏等国之间，拯救万民于水火之中。《吕氏春秋》记载说："孔墨之弟子徒属，充满天下，皆以仁义之术教导于天下。"可见在当时，墨子、墨家学派及其思想、行为对全社会有极大的影响力，足以与孔子、儒家学派相比肩。

《墨经》中关于"御城"（就是城防）的内容，许多同阿基米德采用的方法不谋而合，这是非常有趣的。从某种意义上来说，墨子是中国古代最具人道主义精神，也最被人忽视的人物。尤其是西汉以后，罢黜百家，独尊儒术，墨家随之式微。其实，从孟胜的作为我们已经能看出墨家式微的端倪。作为巨子，也就是墨家的领袖，孟胜已经忘记了师祖"兼爱""兴天下之利，除天下之害"的真谛，糊里糊涂地为一个人尽忠，还把所有的骨干精英都带进了坟墓。

墨子和他的门人身上所背的布袋流传了很久。从春秋时代起，在上千年的时间里，这片土地上总是有一些背着布袋走街串巷的人。他们为人设计宫殿、庙宇、祠堂、粮仓，指挥开挖河渠，观看天象，每有数字疑难，便打开布袋。袋子里装着的并非什么珍宝秘籍，而是几百根小竹棍。他们寻一块平坦的所在，或是案几，或是地面，把小竹棍摆来摆去，口中念念有词，名曰"布算"（意思是摆开来计算），不一会儿，就给出答案，令旁观者啧啧称奇。

这些小竹棍叫作算筹。按《汉书·律历志》的记载，算筹是直径一分、长六寸的圆形竹棍，二百七十一根为一"握"。后来长度缩短，截面也从圆形改成方形或扁圆，一来为了缩小布算时所占的面积，二来防止算筹滚动。到了唐代，有一段时间甚至规定文武官员都必须携带算袋。那时候的算筹，除了竹筹，还有木筹、铁筹，甚至有玉筹和象牙筹等等，这些贵重的算筹被装在精美的算筹袋或算筹筒里。

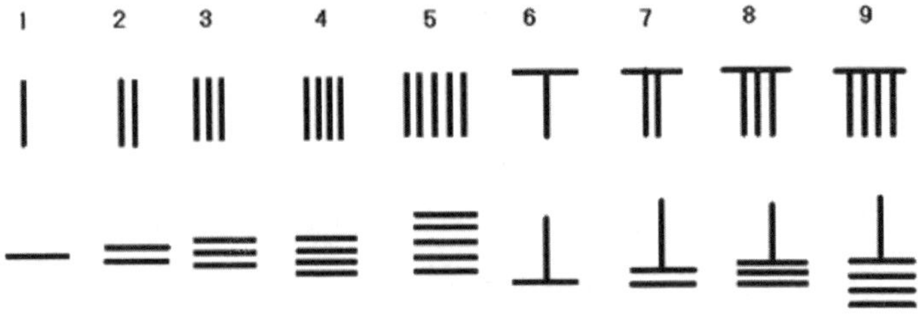

图 12：从 1 到 9 数字的两种算筹表示方法，上一行为竖码，下一行为横码

中华民族是世界上最早采用 10 进位制的民族，早在公元前 1400 年的商代，它就已经应用于当时人们的生产生活中。远在阿拉伯数字出现之前，背布袋的人已经能够靠这些算筹，利用 10 进位制来进行相当复杂的运算。1、2、3、4、5 分别由一到五根算筹表示，横着放、竖着放都行；6 是一横一竖，7 是两横一竖，8 是三横一竖，9 是四横一竖。图 12 给出从 1 到 9 这九个数字的算筹表示方法。李约瑟（Noel Joseph Terence Montgomery Needham，公元 1900－公元 1995）就指出："在商代甲骨文中，10 进位制已经明显可见，也比同时代的巴比伦和埃及的数字系统更为先进。巴比伦和埃及的数字系统，虽然也有进位，但唯独商代的中国人，能用不多于九个算筹数字，代表任意数字，不论多大。这是一项巨大的进步。"

筹算一般在地面或桌面上进行，通常没有格子，相邻的筹码容易相互混淆，比如 2、3 和 1 并排排列，有可能被误读为 51 或 24。为了避免误解，计算时交替使用竖码和横码，个位用竖码、十位用横码、百位用竖码、千位用横码，等等，以此类推。这叫作"一纵十横，百立千僵，千十相望，万百相当"。那时候没有零的符号，遇到零时用空位表示。值得注意的是，算筹计数从来不是像古代毛笔书写那样从右到左、从上到下，而是跟算盘的排列一样，从左到右、从上到下。这跟现代科学计数法相同。

背布袋的人已经对方程（1）形式的数值解相当熟悉了。比如，有一个立方体，体积是 1 860 867 立方尺，它的边长应该是多少？换句话说，就是：

$x^3 = 1\,860\,867$ （1a），求 x。

这个问题最早出现在《九章算术》里，书的作者不详，很可能是许多无名背布袋者在战国、秦汉之间几百年数学工作的汇总。中国人没有系统的几何学，但对于体积、面积和长度的关系却很重视，因为这关系到攻城掠镇、土木工程、粮食买卖等的需要。

《九章算术》在《少广》篇中给出了开立方根的方法："开立方术曰：置积为实。借一算步之，超二等。议所得，以再乘所借一算为法，而除之。除已，三之为定法。复除，折而下。以三乘所得数置中行、复借一算置下行。步之，中超一，下超二等。复置议，以一乘中，再乘下，皆副以加定法。以定法除。除已，倍下、并中从定法。复除，折下如前。开之不尽者，亦为不可开。若积有分者，通分内子为定实。定实乃开之，讫，开其母以报除。若母不可开者，又以母再乘定实，

数海拾贝 ❼

中国民间流行的传统数字苏州码子，是从算筹演变过来的。码子和阿拉伯数字的对应，见下表：

```
0 1 2 3 4 5 6 7 8 9
〇 一 二 三 〤 〥 〦 〧 〨 〩
  | || |||
```

其中一、二、三可以用横划也可以用竖划来写。计数时，仍然采用"一纵十横"的表示方法，以避免误会。苏州码子是一种进位制记数系统，以位置表示大小。因为具有可以用毛笔连笔书、速度快的特点，它主要被用于商业活动，比如记账。在中国广泛采用阿拉伯数字以后，一些地方的老会计仍然喜欢用码子，因为毛笔写出来比阿拉伯数字好看。记数时写成两行，首行用码子记数值，第二行标记量级和计量单位。比如，黍子八千五百捆可以写成：

```
〨 〥
千 捆
```

这里，第一行是数字 85，第二行在数字 8 下面标"千"，说明 8 的量级是千，数字的单位是捆。后面的两个 0 就省去了。苏州码子一般不竖着写，而是像算筹一样采用从左向右的横向记法。

苏州码子是明码，稍稍注意一下就可以记住了。为了保密起见，商人们另有一套精彩有趣的暗码，把从一到九的明码按照特征称为旦底、月心、

乃开之。讫，令如母而一。"

这段话极为简练，加上后人不断地誊抄，很可能有些错误和遗漏，所以读起来晦涩难懂。这里面有很多术语跟现代汉语差别太大，比如，"除"在这里是"去

顺边、横目、扭丑、交头、皂脚、其尾、丸壳。

可惜苏州码子在中国内地已经完全绝迹，只有在港澳地区一些老式街市、茶餐厅和中药房偶然可见。我们不应该让它失传。

掉"的意思，如同楚王想"除"掉墨子，也就是"减"的意思，不是作除法。"以一乘"什么数，意思是取那个数的平方。"再乘"在"一乘"之后，意思是平方以后再乘一次，也就是三次方。至于"借算""超（一等、二等）"等，则是"布算"中的方法。

这个算法是为算筹准备的规则，而不是公式。想象一下古人怎样用筹算解方程（1a）。他们先找一片平地或桌面，或许要先画出一些格子，然后从算袋里取出算筹，按照"商""实""法""中行""借"的规则分成五行（见附录二），每一行中的数字都用相应的算筹来表示，然后根据《九章算术》里给出的规则，像玩火柴棍游戏那样把算筹移来移去，一步步进行计算。1 860 867 的算筹表示是：

图 13：1 860 867 的算筹表示。注意中间代表零的空位

请注意上式中每个数字的记数和入算都必须严格遵循位置值制，包括零，也就是空位。然后，布算者按照上面的规则，一步一步进行计算，直到得出结果。感兴趣的读者不妨看看附录二。那里给出了两千多年前中国算学家求立方根方程（1a）的详细步骤。

从原理上来看，这个开立方的算法是利用当时已知的立方二项式展开来进行的，也就是：

$$(a+b)^3 = a^3 + 3a^2b + 3ab^2 + b^3 \qquad (8)$$

在几何学上，这个表达式可以用一个立方体的分解来得到直观的解释（图14）：

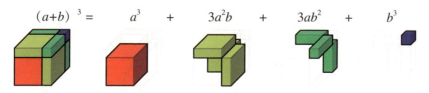

图 14：三次二项式展开的几何图解

就拿（1a）来说，1860867是个七位数，所以它的立方根应该是三位数，换句话说，它可以写成这种形式：$a_1 \times 100 + a_2 \times 10 + a_3$。这里，$a_1$、$a_2$、$a_3$ 都是介于0和9之间的整数。

为了简洁起见，令 $a_1 \times 100 = a$，$a_2 \times 10 + a_3 = b$。于是，我们有 $(a+b)^3 = 1860867 = N$。

根据（8），我们先估算 a。这是图14中等式右边最大的立方体（a^3）。现在把 a^3 从等式（8）的右边移到左边，得到：

$$N - a^3 = 3a^2b + 3ab^2 + b^3 = 3a^2(a_2 \times 10 + a_3) + 3a(a_2 \times 10 + a_3)^2 + (a_2 \times 10 + a_3)^3 \qquad (8a)$$

这对应图14等式右边除了红色立方体以外其他黄、绿、蓝七块体积的总和。所以要"以三乘所得数置中行"，把所得的数乘以三放到"中行"。

确定 a，也就是 $a_1 \times 100$，比较容易。尝试几个 a_1，使 $(a_1 \times 100)^3$ 不大于 N，$[(a_1-1) \times 100]^3$ 不小于 100000000，就可以了。然后估计

a_2。由于 a_3 比 a 小很多，可以暂时把（8a）里面所有的 a_3 都忽略掉，所以，

$$N-a^3 \leqslant 3a^2(a_2\times 10)+3a(a_2\times 10)^2+(a_2\times 10)^3$$

a 是已知，于是 a_2 可以根据这个不等式估算出来。知道了 a_2 以后，把等式（8a）右边所有不含 a_3 的项都移到左边去，就可以求出 a_3 了。

《九章算术》开立方术是为了解决具体问题而提出的，不是我们今天熟悉的那种直接计算出结果的公式。但一旦记住了法则，只需要简单地"复除，折而下""复除，折下如前"等步骤，不论立方根是多少位数，反复实行上面的程序都可求出来。这其实是一个机械计算程序，它跟现代计算机程序的想法非常类似。实际上，今天仍然有不少人为了好玩儿，根据《九章算术》的开方术写出自己计算立方根的计算机程序。中国古代的算术大多是这种"应用数学"或者"计算数学"的实际操作。像墨子那样从最基本的概念开始，通过精密的逻辑来建立理论的人太少了。单从这点来看，墨子也是中国历史上的"异数"，有人甚至怀疑他是印度人。

《九章算术》里有更复杂的问题，不是求立方体的边长，而是计算球体的直径："又有积一万六千四百四十八亿六千六百四十三万七千五百尺。问为立圆径几何？"【又有一个球体，

数海拾贝 ❽

1983 年 12 月，湖北省江陵市（今天叫荆州市）张家山 M247 号汉代古墓出土了二百多片竹简，其中一百八十片保存完整。竹简上的三道连纬早就腐烂掉了，竹简当然也就混乱了，但它们显然属于同一部著作。经过十七年的研究整理，2000 年《文物》杂志发表了竹简的简体字全文，引起轰动。这就是著名的《算术书》。据估计，这部书的成书年代不晚于公元前 186 年（也就汉高祖的妻子吕后当政的时代），这比《九章算术》早了三百多年，其内容可能更接近墨子时代的数学。

它的体积是 1644866437500（立方）尺。问球的直径是多少？】

"开立圆术曰：置积尺数，以十六乘之，九而一，所得开立方除之，即立圆径。"【开立方圆球法：以 16 乘体积，取它的九分之一开立方，就得到直径。】

这个方法的错误在于没有搞清球体体积同直径的关系，我们将在后面的章节里讨论。要紧的是，我们的先人早在汉代以前就已经在考虑比二倍立方更为复杂的数学问题了。

以《九章算术》为代表的中国古代传统数学，跟古埃及人留下的纸草书有显著的类似之处，那就是注重实用，但不注重理论。它与以欧几里得《几何原本》为代表的西方数学，是全然不同的体系，体现了迥然不同的哲学理念。《九章算术》着重计算，开发出许多算则，对解决实际问题有明显的实效，但是缺乏精确的定义、严密的推理和证明，忽视系统理论。也正因为如此，随着天长日久，书中很多词语就变得无法理解。抄书的人看不懂就更容易出错。所以现存的《九章算术》开立方术不能逐字逐句地照本宣科。《几何原本》则着重概念与推理，其成果以定理形式表达。不管怎样，这是两部东西辉映、风格迥异的数学名著。

公元 263 年，三国时代的魏国人刘徽（约公元 225—公元 295）搜集众人研究《九章算术》的成果，同时自己深入研究，系统地证明了原书的公式和算法，纠正了其中的若干错误，还引进一些新的概念和方法，完成了《九章算术注》。他所改进的开立方术和今天所使用的方法已经没什么大区别了。

方程式（1）一类的问题靠这种数值计算可以解决。但事情真的就这么简单吗？还有类似于方程式（8）的方程呢？或者比方程式（8）更复杂的方程呢？

先秦唯墨子颇治科学。假使今日中国有墨子，则中国可救。墨子也许是中国出现过的最伟大人物。

蔡元培（公元 1868—公元 1940）

佛教进入中国以后，出家的行为遭到新儒学哲学家们的尖锐批评，因为按照儒家的伦理，这是不顾家庭。从人类所面对的危机批评来看，博爱是自救的希望。所以我相信，我们认同儒家的观点，坚持对直系家庭的义务和对天底下所有人的义务是可以直接相比的。但我又相信，我们还要超越这种儒家的横向解说。我认为我们应该是墨子的追随者，应该把目标放在奔向博爱，无论层次和资格。实行起来，墨家比儒家要困难多。但在我看来，最应该对当前人类进行教育的是墨子哲学，而不是孔子。在古代社会的西方一端，芝诺，希腊哲学的斯多葛学派的创始人，曾经教导说人是宇宙的公民。从这个意义上，芝诺是墨子的追随者，尽管他并不知道一个远东的哲学家已经预料到他的出现。

A.J. 汤因比（Arnold Joseph Toynbee，公元 1889—公元 1975，英国著名历史学家）：摘自汤因比与池田大作所著《选择生命》（*Choose Life: A Dialogue*）

你来试试看？本章趣味数学题：

《算术书》里有一章专门讨论体积计算。其中一道题名叫《圆亭》："上周三丈，大周四丈，高二丈。"圆亭就是圆亭。它可以看成是一个截去顶的圆锥体，上平面的周长（上周）是 3 丈，下平面的周长（大周）是 4 丈，亭子的高是 2 丈。你能算出圆亭的体积吗？

第七章　被人诅咒的数学家

托勒密王朝结束以后，亚历山大里亚经历了翻天覆地的变化。公元前31年9月2日，罗马将军屋大维在希腊半岛西边的爱奥尼亚海打败了马克·安东尼（Mark Antony，公元前83—公元前30）。安东尼的情人、埃及女王克利奥帕特拉（Cleopatra，约公元前69—公元前30）自杀。埃及和亚历山大里亚从此正式成为屋大维的囊中物。从那以后，亚历山大里亚几乎一直都处在罗马人的统治之下。公元150年，埃及的犹太人造反，攻进亚历山大里亚，大举屠杀希腊人，满城举火焚烧，把这座美丽的城市毁掉了。哈德良（Publius Aelius Traianus Hadrians，公元76—公元138）登上罗马皇帝的宝座以后，开始重修亚历山大里亚，但它再也没有恢复到当年的辉煌。罗马内部政变频仍，皇帝不知换了多少个，到了公元215年，罗马皇帝安东尼努斯（Marcus Aurelius Severus Antoninus，公元188—公元217）来到了亚历山大里亚。这时的亚历山大里亚已经失去了昔日的辉煌。自罗马人统治埃及以来，亚历山大里亚屡遭劫难，民不聊生，学术研究的气氛渐渐消亡，连续二百年，万马齐喑。

安东尼努斯驾临亚历山大里亚好几天了。他先朝拜塞拉皮斯神庙，再祭奠亚历山大大帝之陵，然后参加了臣民特意为他安排的豪华庆典。一切都进行得非常顺利，看起来皇帝对此次埃及之行相当满意。亚历山大里亚人也觉得陛下并不像罗马人传说的那么粗暴冷酷。庆典上，安东尼努斯宣布了一个振奋人心的消息，他要在罗马军队中建立一个新的军团，以亚历山大大帝的名字命名，希望城里的年轻人踊跃报名参加。

第二天，无数年轻人聚集在一起，等待皇帝陛下的面试和选拔。皇宫前面的广场上挤满了人，许许多多罗马士兵的盾牌和青铜头盔点缀在

文史花絮 → 9

古罗马原是共和制。公元前 27 年，屋大维（Gaius Octavianus Augustus，公元前 63—公元 14）当政，废除共和改用元首制。元首名称的拉丁文是 Imperator（英文 emperor），原意是统帅，中文翻译成皇帝，但他们不自称为"天子"。从屋大维开始，罗马帝国的君主通常还有奥古斯都（Augustus，圣上、至尊）、恺撒（Caesar）、首席元老（Princeps Senatus，又译为元首、第一公民）等称呼。从这里可以看到罗马皇帝和中国皇帝有个很大的不同：古罗马的皇帝是"选"出来的。这里不是民主选举。通常是几个将军凑在一起，靠共同利益找一个候选人。他们带兵打进罗马，宣布自己的候选人为皇帝。当选的皇帝如果存活下来，可以选择自己的接班人，通常是先把选好的继承人过继为养子。也有把皇权交给自己的亲子或亲戚的。当然，如果将军们不满意，继承人就当不成皇帝了。这导致许多昏君、暴君的出现。比如公元 68 年前后一年之内，罗马换了四个皇帝。公元 193 年的内乱更是换了五个皇帝。此外还多次出现两帝共治，甚至四帝共治。

罗马帝国是当时世界上最庞大的帝国，在它的疆土上生活着许多不同种族的人，互通姻亲，于是罗马军队的种族非常复杂，也造就了不同种族的罗马皇帝。罗马帝国五贤帝之一的图拉真（Trajan，公元 53—公元 117）是西班牙人；暴君卡拉卡拉有腓尼基、阿拉伯和柏柏尔的血统；早他几年的塞维鲁（Severus，公元 145—公元 211）有北非布匿人的血统。卡拉卡拉后面的马克里努斯（Macrinus，公元 165—公元 218）是阿尔及利亚一个柏柏尔奴隶的儿子。另外马克西米努斯（Maximinus，公元 173—公元 238）是哥特人与奄蔡人（Alans）的混血儿；菲利普（Philippus Arabs，公元 204—公元 249），又称阿拉伯的菲利普，也是叙利亚人，据说少年时是个窃贼，等等，不一而足。

顺便提一下奄蔡人。奄蔡这个名字首次见于《史记·大宛列传》："奄蔡在康居西北可二千里，行国（游牧国之一，作者注），与康居大同俗。控弦者（精于弓箭者，作者注）十余万。临大泽，无崖，盖乃北海云。"康居就是咸海。奄蔡在东汉三国时期又称为阿兰聊或阿兰。西方学者认为阿兰人这个名字可能来源于伊朗，他们处在东西方的交界处。奄蔡人是白种人，史书上说他们的头发是黄色的。他们从公元 1 世纪起从中亚向西迁徙，2 世纪在小亚细亚称雄，其中少数人进入西方。一部分在伏尔加河与顿河之间的地区定居，另一部分则留在高加索以北地区。3 世纪日耳曼哥特人向东扩张，同奄蔡人有过激烈的战争。哥特人从奄蔡人那里学会了骑兵战术，并把奄蔡人赶回东方。可在那里奄蔡人又遇到了剽悍的匈奴。他们逐渐融入匈奴，后来一部分人随着匈奴去了欧洲。这些进入欧洲的奄蔡人是历史上伟大的迁徙者，4 世纪—5 世纪期间他们的足迹遍布整个欧洲，甚至绕到西班牙、葡萄牙，进入北非，再回到意大利。《史记》的资料来源是出使西域的张骞（公元前 164—公元前 114），那是中国第一次跟西方直接交往。

其中。一个身披紫袍，满身戎装的人在数十名卫士的簇拥下在人群中游动，每到一处，人们先是让路，然后又把他围起来。安东尼努斯亲切和蔼地跟青年们谈话，问了许多日常生活问题。然而，青年们和围观的亲友都没有注意到，大批罗马士兵已经在不知不觉中把人们团团围住。突然，安东尼努斯抽身走出人群，罗马士兵齐刷刷拔出短剑，径直朝人群扑去……

看着年轻人如田里的麦子一样，一片片被割倒在地，安东尼努斯的脸上浮起得意的狞笑。

这个混有腓尼基、阿拉伯和柏柏尔血统的罗马皇帝是个有名的暴君。由于他无论冬夏都喜欢披一件高卢人的战袍，臣民们在私下里就管他叫卡拉卡拉（Caracalla），也就是战袍。此人在位期间征战不绝，频繁地在各个行省间东奔西走，到处施暴。为了除掉亲生弟弟盖塔（Publius Septimius Antoninus Geta，公元189—公元211）独霸统治权，他在生母的房间内突然下手，竟生生地在母亲的怀抱中杀死自己的兄弟。之后，他又屠杀了弟弟所有的支持者和朋友，无论长幼。长老院的成员、为盖塔死去而哭泣的人，甚至盖塔的车夫和歌舞艺人都不放过。他还做过一件人类史上空前绝后的事：有一次他在罗马角斗场里观看战车比赛，观众冲着卡拉卡拉偏爱的战车喝倒彩，这位皇帝竟然亲自率领禁卫军冲入观众席追杀观众。卡拉卡拉凶残暴虐，以至于有些历史学家称他为全人类的敌人。这一次，他在亚历山大里亚屠杀了近两万青年，只是因为那里的人们编了喜剧嘲笑他。

就在卡拉卡拉大屠杀的前后，丢番图（Diophantus of Alexandria，约公元210—公元284）出生于这个日渐衰败的城市。关于这个人的生平，我们所知甚少。但他在当时一定颇有盛名，因为有一个古希腊经典的数学谜直接和他的生平有关：

"丢番图一生的六分之一是童年。又过了十二分之一，他开始长胡子。再过了七分之一，他讨了老婆，五年后生子。可是儿子只活了父亲岁数的一半，父亲死在儿子去世四年以后。请问，丢番图一共活了多大年纪？"

根据这道数学题，我们可以算出他的年龄。可这个年龄不见得是真的，因为那很可能只是一道趣味数学题而已。我们知道他讲希腊语，用希腊文写作，但不知道他属于哪个种族。他可能是希腊裔，也可能是巴比伦人、埃及人，甚至是犹太人。所幸对于丢番图的工作，我们知道不少，因为他写过一部十三卷的《算术》，其中六卷能够流传至今，可以说是个奇迹。这些手稿被欧洲人遗忘逾千年，直到16世纪下半叶才被重新发现，并翻译成拉丁文，对欧洲的数学发展产生了不可磨灭的影响。另外还有四卷于20世纪60年代在伊朗被发现，不过目前还无法确定它们的真实性。

《算术》涉及一系列数学问题，丢番图对这些问题逐一求解，给出它们的数值答案。跟以前的希腊学者不同，丢番图不用几何方法解决问题。他在世界上首次发明了用符号来表示未知数，因此被人们称为"代数学之父"。从上面那道代数题我们还可以看到，他在方程里已经允许分数作为未知数的系数了，这是一个重要的进步。不过他还没有意识到有负数，没有创造出代表零的符号。他在《算术》中表达的方法很像《九章算术》：只求数值解，不讨论数学理论。需要理论的时候，他常常引用一本名叫《系论》的书，其中好像列举了大量定理。后来的数学史专家们猜测，这可能是他的重要理论著作，可惜逸失了。丢番图首次采用了特殊符号来代表未知数，并且用不同的符号来表示未知数的平方和立方。他在做加法时不用加号，而是把两个相加的数并列，减法则用一个特殊符号来表示。他可能还用过一个符号来表示相等，但有人认为那是后人抄写手稿时加上去的。由于这方面的贡献，有人称他为"代数学之父"，其实代数还要等好几百年才问世呢。他的符号相当随意，没有统一的规范。

《算术》的主要内容在于解决方程。留存下来的第一卷专门讨论线性方程，后面五卷处理二次方程，常常是含有多个未知数的（也就是多元二次方程），也包括几个特殊的三次方程问题。所有这些方程的解不光有整数，还有分数。不要小看这些分数。在丢番图之前，希腊数学家对非整数和负数没有认识，认为它们没有意义。他们所处理的方程，其系数和解都是正整数。丢番图首次把正分数引入方程，使人们对数的概念从正整数进入有理数。

丢番图还专门研究了有理数的 n 次方的和与差的问题。比如，他给出这么一个定理：如果 a 大于 b，而且都是正的有理数，那么一定存在另外两个正有理数 x 和 y，使得：

> **数海拾贝❾**
>
> 剑桥大学数学家哈代（Godfrey Harold Hardy，公元 1877—公元 1947）有一天乘计程车去探望他从印度邀请来的数学家拉马努金（Srinivasa Ramanujan，公元 1887—公元 1920）。见面时，他对拉马努金说："我今天计程车的车牌是 1729，这个号码很沉闷。"拉马努金马上回答说："哪里，这个号码非常有趣。它是可以由两对不同数字的立方构成的最小的数。"这是一个典型的丢番图问题，很容易找到第一对数，它们是 10 和 9。
>
> 拉马努金习惯用直觉（或数感）推导公式，不喜欢做证明。他说："一个方程对我没有意义，除非它代表了神的想法。"这听上去很神奇，但他的理论往往在后来被证明是正确的。他留下大量未被证明的公式，吸引了许多数学家去证明。他的传奇故事多次被拍成电影，包括 2015 年的《知无涯者》（*The Man Who Knows Infinity*）。

$$a^3 - b^3 = x^3 + y^3 \quad (9)$$

这个定理要等到一元三次方程彻底解决之后才能被证明，那是一千多年以后的事情了。这个方程以及和它类似的方程被称为丢番图方程。

还有这样一类问题：寻找三个正整数，使它们的和以及它们当中任意两个数之和都是平方数。这也不是件容易的事。丢番图的结果是 41、80 和 320。这三个数之和等于 441，是 21 的平方；11 的平方是 41+80=121；19 的平方是 41+320=361；20 的平方是 80+320=400。一千四百多年后，费马（Pierre de Fermat，公元 1601—公元 1665）研究《算术》的拉丁文版，读到此处兴奋异常，在书的空白处写道：

"如果整数 n 大于 2，那么 $a^n+b^n=c^n$ 在系数 a、b、c 为非零整数的情况下无解。我有一个极为漂亮的证明，可惜这里空白太窄，写不下我的证明。"

丢番图的发现大大刺激了费马。这个成长于法国南部小镇的"业余"数学家几乎是单枪匹马开创了数论这个数学分支。

不过，费马的"极为漂亮的证明"从来没有露过面，反倒变成了著名的费马"最后定理"，令后人绞尽脑汁，也促成了数论的发展。直到 1994 年，"最后定理"才被英国数论专家安德鲁·怀尔斯（Andrew John Wiles，公元 1953—）所证明。

费马不是第一位在《算术》的空白上写下感想的。活跃在 13 世纪中后期到 14 世纪初的拜占

数海拾贝 ⑩

数论是纯数学的分支之一，主要研究整数的性质，被誉为"最纯"的数学。大数学家高斯曾说："数学是科学的皇后，数论是数学的皇后。"数论把数分成很多种：

有理数：可以表达为两个整数 a 和 b 的比值的数 $(\frac{a}{b}; b \neq 0)$。

无理数：无法用两个整数之比来表达的数。

超越数：任何一个非代数数的无理数。只要它不是任何一个有理系数代数方程的根，它就是超越数。最有名的超越数是 e 和 π。

规矩数（又称**可造数**）：可用尺规作图的方式做出的实数。在给定单位长度的情况下，如可以用尺规作图得到长度为 a 的线段，那么 a 就是规矩数。规矩数的 $2n$ 次方根也是规矩数。$\sqrt[3]{2}$、π 等不是规矩数。

正整数按乘法性质划分，可以分成**质数**（又称素数，是大于 1 的自然数中，除了 1 和其自身外，无法被其他自然数整除的数）、**合数**（大于 1 而又不是质数的自然数）。质数有很多一般人也能理解但是理论上却又悬而未解的问题，比如哥德巴赫猜想（"任何一个大于 2 的偶数都可表示成两个质数之和"），孪生质数猜想（存在无穷多个素数 p，使得 $p+2$ 也是素数）等。很多问题看上去非常简单，但却要用到许多艰深的数学知识。这一领域的研究推动了数学的发展，催生了

庭神学家、当时的大学者普拉努德斯（Maximus Planudes，约公元 1260—公元 1305）曾试图为《算术》做注解。但是他仅仅注释了前两卷就放弃了，最后在自己的希腊文版《算术》的空白上这样写道："丢番图，让你的灵魂跟魔鬼做伴去吧，你的定理太难懂了！"

大量的新思想和新方法。数论除了研究整数和质数，也研究从整数衍生的数（如有理数）和广义的整数（如代数整数）。

整数可以是方程式的解。有些解析函数中也包括了一些整数和质数的性质，通过这些函数可以了解某些数论的问题。通过数论也可以建立实数和有理数之间的关系，并且用有理数来逼近实数。这种方法叫作"丢番图逼近"。

约翰·缪勒（Johannes Muller，公元1436—公元1476）最先呼吁人们注意丢番图的希腊文著作的存在。1463年底在帕杜亚讲授天文学时，他在演讲的引言里指出："到目前为止，还没有人把丢番图的十三卷精彩著作从希腊文翻译成拉丁文。这套书里埋藏着算术的整体的精华，也就是阿拉伯人称之为代数的理论和方法。"

托马斯·希斯：《希腊数学史》第二卷（*A History of Greek Mathematics*，Vol II.）

你来试试看？本章趣味数学题：

从那个古希腊的数学谜，你可以帮助我们算出丢番图的年龄吗？

第八章　暴乱中的女人

现在让我们再回到亚历山大里亚，时间是公元415年。

亚历山大里亚仍然处于罗马人的统治之下，而罗马早已皈依了基督教。

一辆马车从亚历山大里亚总督俄瑞斯特斯（Orestes，生卒年不详）的府邸里驶出，缓缓走上大道。车内坐着一位女人，身穿白色长袍，举止优雅。马车行了不远，突然被黑压压拥出的一大群人挡住去路。这些人身披灰色长袍，兜帽遮住了大半张脸，只露出尖尖的鼻头和紧闭的嘴巴。他们一言不发，将马车围了个水泄不通。领头的大汉名叫彼得，他探头看了一眼马车内的女人，马上大叫起来："就是她！希帕蒂娅！兄弟们，我们绝对不能饶了她！"

众人蜂拥而上，将女人拖下马车，扯去衣袍，肆意抽打。女人拼命地挣扎抗议，微弱的哭喊声淹没在众人的咒骂和喧嚣之中。人们把她拖向一座教堂，这座教堂不久前由古代建筑改建而成，原来是纪念恺撒的。在这里，他们对女人百般折磨，她的哭叫声从教堂里传出来，令人不寒而栗。

在外面众人的呼喊和怂恿之下，教堂内的虐待更加肆无忌惮。彼得带人用牡蛎壳在女人身上乱割，女人的惨叫渐渐低沉下去，终于没有了声息。希帕蒂娅的尸骸还被烧成了灰烬。

希帕蒂娅（Hypatia of Alexandria，约公元370—公元415）是一位杰出的女数学家、科学家兼哲学家。与她同时代的基督教历史学家苏格拉底·斯科拉斯提库（Socrates Scholasticus，也被称作君士坦丁堡的苏格拉底，约公元380—？）曾经这样描述她：

"亚历山大里亚有一位女性名叫希帕蒂娅，她是哲学家赛翁（Theon of Alexandria，约公元335—公元405）的女儿。她在文学和科学上的造诣远远超出同时代的哲学家。她内心充实，平易近人，经常陪同重要官员出现于公共场合。她在男人成群的地方从不感到羞怯和自卑，举止典雅、落落大方。而当男人们了解到她的德行和尊严之后，对她更加尊敬。"

希帕蒂娅的父亲是亚历山大里亚缪斯殿里的最后一位数学家。那时，亚历山大里亚图书馆正在迅速衰败。亚历山大里亚这座城市，在卡拉卡拉大屠杀之后，又在公元274年和公元391年分别遭受了罗马皇帝奥勒良（Lucius Domitius Aurelianus Augustus，公元214—公元275）和暴徒的大肆破坏。赛翁在科学研究极为困难的时代潜心钻研，成就斐然。公元364年，他编辑出版了欧几里得的《几何原本》，他编辑的版本直到19世纪仍然是欧洲最权威的版本。而在研究著述的同时，他发愿要培养一个完美无缺的人，他选来选去，目光锁定了女儿希帕蒂娅。

赛翁的心血没有白费。希帕蒂娅长大以后，果然成为知名的学者，杰出的数学家、科学家和哲学家。无论在文学还是在科学上，她的造诣都远远超出同时代的其他学者。希帕蒂娅还出任亚历山大里亚柏拉图学院的院长，要知道，古希腊的传统在学术和政治上是看不起女人的。希帕蒂娅能够被推举为学院院长，这在当时是一件了不起的大事。她在任职期间经常敞开大门讲解哲学原理，引得听众从四面八方赶来，趋之若鹜。

希帕蒂娅的学生包括基督徒、泛神论者，还有很多外国人。她记录过星体运行的轨道，发明了液体比重计，编辑了她父亲评论欧几里得《几何原本》的文章，还写过一部评论丢番图《算术》的著作，对后人补充《算术》逸失的部分帮助很大。她遗留下来的最重要的工作是对古希腊几何学家阿波罗尼奥斯（Apollonius of Perga，公元前262—公元前190）的名著《圆锥曲线论》所加的注解。她的注解影响了十几个世纪的数学家。

4—5世纪正是基督教在欧洲和地中海沿岸蓬勃发展的时期。一些狂热偏执的信徒会对怀有其他信仰的人肆意迫害。希帕蒂娅是柏拉图的门徒，也就是他们眼里的"异教徒"。她认为周围的物质世界是精神世界不忠实的影子。人必须依靠缜密的逻辑思考和深入的研究，才能接近精密的理论。为此，人必须通过学习来提高抽象思维的能力，从对具体事物的观察当中逐渐体会到真和美，最后进入神秘而美好的精神世界。在柏拉图主义者看来，数学对达到最终的精神世界具有非常重要的意义。这种想法在一些人看来和基督教教义格格不入，应该被视为邪教。

就这样，一位美丽鲜活、学识非凡的女士转眼之间毫无痕迹地从世界上消失了。暴乱仍然继续着。最终，总督俄瑞斯特斯死亡，犹太人全部被赶出亚历山大里亚。教皇西利尔（Cyril of Alexandria，约公元365—公元444）因此被狂热的信徒们比

数海拾贝 ⓫

希帕蒂娅的重要工作之一是对阿波罗尼奥斯的名著《圆锥曲线论》的研究和评论。这本书共有八卷，但第八卷已经失传了。阿波罗尼奥斯发展了蒙纳埃奇姆对圆锥曲线的研究，使它成为体系完整的理论。他把各种圆锥曲线作为一个整体来研究，第一次提出**偏心率**的概念（见下图）。所谓偏心率是指圆锥曲线上的一点（M）到它所在的平面内一个定点的距离与到不过此点的一条直线（水平的黑线）的距离之比（比值为 ε）。这个定点被称为**焦点**（F），而这条直线被称为**准线**。图中红色曲线是椭圆（$0<\varepsilon<1$；图中的例子 $\varepsilon=\frac{1}{2}$），绿色是抛物线（$\varepsilon=1$），蓝色是双曲线（$1<\varepsilon<\infty$；图中的例子 $\varepsilon=2$）。

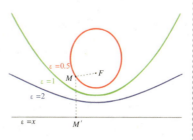

阿波罗尼奥斯把 $0<\varepsilon<1$ 的曲线叫作 ellipse，意思是"缺少"；$\varepsilon=1$ 的曲线叫作 parabola，意思是"相当"；$1<\varepsilon<\infty$ 的曲线叫作 hyperbola，意思是"超出"。阿波罗

作他的叔父——大主教提阿非罗（Theophilus of Alexandria，？—公元 412）。

> 尼奥斯已经意识到这些圆锥曲线可以用来描述天体的运行轨道。他是代数几何最早的开创者。他的理论要等到一千八百年后才被开普勒、牛顿等人继续发展下去。

实际上，同提阿非罗的作为相比，很难说西利尔是青出于蓝。在希帕蒂娅遇难之前二十四年，大主教提阿非罗向罗马皇帝西奥多修斯一世（Theodosius I，公元 347—公元 395）献策，建议摧毁泛神教在亚历山大里亚的所有庙堂寺院。这项活动得到亚历山大里亚军政界和宗教界的一致响应。市长和军队都直接参与了这次运动，那些狂热的基督徒们更是人人奋勇，个个当先。他们冲进塞拉皮斯神庙，尽情地打砸抢。大量书卷被销毁，石雕被砸碎，铜像被融化并铸成饭锅饭勺，供教会吃饭使用。唯一幸存下来的一座石雕，还是大主教作为罪证特意保留下来的，为的是让后人看看，泛神教徒确实是崇拜偶像的。塞拉皮斯神庙原是托勒密一世建立的，其中包括一座类似于缪斯神殿的图书馆，里面存放了缪斯神殿中所有宝贵书卷的缮写本，供人们阅读。西奥多修斯将塞拉皮斯庙付之一炬，图书馆被夷为平地。此后，整个罗马帝国的基督徒几乎全部投入到打击异教徒的活动中，开始全面摧毁各种异教会所，尽管这些地方多数已经基督教化了。

从主教之火到教徒暴乱，亚历山大里亚终止了一切学术活动。一系列的迫害使欧洲的古代文化遗产遭到极大破坏。自由的学术研究在西罗马消亡了。四年以后，东罗马皇帝查士丁尼一世（Justinian I，公元 482—公元 565）下令关闭柏拉图学院，同时禁止基督教神学以外的所有研究。不知有多少古代文化科学遗产就此永远消失。

保留你思考的能力。即使是错误的思考也比根本不思考要好得多。

希帕蒂娅

只有文明之人才能理解不同的文明。

A.N. 怀海德

你来试试看？本章趣味数学题：

1. 阿波罗尼奥斯已经意识到，圆锥曲线同变化的几何形状的面积有关。比如抛物线对应的是任意大小正方形和相应的长方形的面积相等。利用现代代数方法，你能证明这个关系吗？
2. 类似地，双曲线对应的是一个长方形，在变化两条边长的过程中保持面积不变。你能证明这个关系吗？

第九章　百年战乱之后的父子

刘徽完成《九章算术注》的那一年（公元263年），三国中的曹魏王朝已经气息奄奄了。两年以后，相国司马炎逼迫魏元帝曹奂禅让，自立为帝，定国号为晋。公元280年，晋武帝司马炎消灭了孙吴，结束了三国鼎立的局面。经过了东汉末年的黄巾之乱（开始于公元184年）和三国时期，将近一个世纪之后，中原又得以统一，可是和平只有三十多年的时间，其中后一半还被皇室宗亲之间争夺皇位的战争（所谓"八王之乱"）搅得乱七八糟。公元306年，七王败死，东海王司马越胜出擅政。公元307年，晋惠帝死，有传说是被司马越毒死的，司马炽被立为怀帝。不久，匈奴贵族刘渊建汉（后称前赵）。匈奴势力不断增大，公元310年，大将石勒率重兵围困洛阳，司马越被迫弃城，率军队向东南撤离。次年，司马越在中途病死，晋军被石勒追击，主力军被全部消灭。后匈奴军队攻破洛阳，晋怀帝被俘，不久遭杀害。这个事件发生在晋怀帝永嘉年间，所以被称为"永嘉之乱"。鉴于周边的少数民族部族相继建立君主政权，严重威胁中原，公元313年，司马业被拥立为皇太子即帝位，是为愍帝，在长安建临时政府。临时政府支撑四年后，长安被匈奴军攻破，愍帝被俘，西晋亡。次年，司马睿在江南建立政权，史称东晋。这是中原汉人首次大规模南迁，史称"衣冠南渡"。他们建都于江东建康，也就是今天的南京。这也是中国都城迁至长江以南的开端。

魏晋年代是中原西北部的游牧民族部落开始强大的时代。他们大批进驻关中及泾水、渭水流域，被当时的汉人称为胡人。由于秦汉时代冒顿单于统一各族，建立匈奴帝国，胡人有时被当成匈奴的同义词。许多汉人搞不清乌桓、羯、鲜卑、匈奴、氐等民族的区别，通通称之为胡人。这些游牧民族自古居住在山西、陕西、河南、河北一带。"八王乱"以后，晋室分裂，国力空虚，民生凋敝。尤其是石勒灭掉晋军主力之后，汉族的军事力量迅速衰退，胡人趁机起兵南下，夺取中原地区的控制权，于是中原大乱，史称"五胡乱华"。各种各样的小国家一会儿建立，一会儿消亡，史称"五胡十六国"。其间战争不断，中原人口骤减。

根据《晋纪》《晋书》的记载，永嘉丧乱以后，中原的士族剩下不到十分之一。《晋书·王导传》说，洛阳倾覆以后，中原的士族有六七成都迁徙到长江下游的江南避难。北方汉人能走的都走了，不能走的纠合宗族乡党建立坞堡以自保。此时，打败晋军的大将石勒已经取代前赵皇帝，自立为帝，他建立的国家被后人称为后赵。他的统治非常残暴，他的侄儿、后赵武帝石虎更是嗜杀成性，他的暴行最后引发了卫兵暴动，使后赵的国势迅速衰微。

公元 350 年，汉人冉闵趁机篡夺后赵的王位，改国号为"魏"。这个不到两年的短命政权，史称冉魏。冉闵的父亲冉瞻是石虎的养子，曾经为石勒建立后赵立下汗马功劳。可是冉闵一登基就发布"杀胡令"，宣布"六夷胡人"有敢持兵器的一律斩首。这下胡人遭了殃，他们纷纷逃出中原，逃跑中因为粮食、牲畜、财产等原因不断彼此争斗，伤亡惨重。中原各民族之间这样互相杀戮，战火数十年不断。等到"五胡乱华"的后期，除了汉族和鲜卑族仍保存了一定势力和明显的民族认同外，匈奴、羯、羌、氐各族或被大量屠杀，或逐渐被汉族同化，都不存在了。最后，鲜卑族拓跋部在北方获取胜利，在公元 386 年建立北魏，逐渐统治了华北地区。汉族政权则据守江南，在公元 420 年建立了刘宋王朝（也被称作南朝宋）。一百多年的大灾变之后，中国进入南北朝时期。

祖冲之（公元 429—公元 500）是在这样巨大的社会动荡之后出生的。他的祖籍是范阳郡遒县（今河北省保定市涞水县），祖上好几代都是汉人朝廷里负责土木工程的官员，后来随着"衣冠南渡"的潮流，他们家族迁移到了江南。祖冲之本人应该是在江南出生的。祖家历代都对天文历法和数学有研究，从祖冲之的曾祖祖台之到他的儿子祖暅，连续五代都致力于数学研究。这在世界上也是少有的，尤其是在那个战乱频仍的时代。祖冲之从小就有机会接触天文、数学知识。他还很年轻的时候，就有博学多才的名声，以致被宋孝武帝听到，派他到华林学省任职。华林园是两晋时期的皇家名园，华林学省是华林园里藏书著述的地方，也就是皇家图书馆。公元464年，他到娄县（今江苏昆山东北）当县令，在此期间他编制了《大明历》，计算了圆周率。

在《九章算术》里面，圆周率是用数字3来近似的。中国最早明确给出圆周率估计值的是张衡（公元78—公元139）。他先后计算出 π 的值近似于 $\frac{92}{29} \approx 3.1724$、$\sqrt{10} \approx 3.1623$ 和 $\frac{730}{232} \approx 3.1466$。刘徽认为张衡的近似值都偏大。他创造了一个估算圆周率的方法，叫割圆术。这和我们前面提到过的阿基米德的方法基本上是一样的。不过，刘徽偏重应用，他的方法是一个数学上可以计算圆周率到任意精度的迭代程序。刘徽把圆切割成一个192边的多边形，得到圆周率在3.141024和3.142704之间，并建议近似值用分数 $\frac{157}{50} = 3.14$ 来表示，历史上称为徽率。他利用晋武库里珍藏的王莽时代制造的铜制体积度量衡标准器皿（新莽嘉量斛）的直径和容积直接测量检验，发现3.14这个值还是偏小。后来，他又发明了一种更加快捷的方法（捷法），只借助96边形就能得到和1536边形同等精度的 π 值，最后求出自己满意的圆周率近似值3.1416。

祖冲之采用刘徽的割圆术，把圆周分成有24576个边的多边形，得到著名的圆周率不等式 $3.1415926 < \pi < 3.1415927$。他还建议用两个分数来近似圆周率：约率（又叫朒率）$\frac{22}{7} \approx 3.14286$，密率 $\frac{355}{113} \approx 3.14159$。

跟这个结果一模一样的密率，在欧洲直到1586年才由荷兰人安东尼茨（Adriaan Anthonisz，公元1541—公元1620）求得。但是祖冲之的计算方法是刘徽在二百年前就提出来的，不是自己的独创。所以后来有人认为，在圆周率的问题上，祖冲之刻苦精神可嘉，创新不足。比如，清朝人阮元就在《畴人传》里说："后祖冲之更创密法，仍是割之又割耳，未能于徽注之外，别立新术也。"

祖冲之还有一项极富创新的工作，但不大为人们所知，那就是得出圆球的体积和直径的关系。我们前面看到，阿基米德在祖冲之以前大约六百年前就得到了这个关系，但中国对他的工作并不知晓。祖冲之用与阿基米德完全不同的办法，得到了相同的结果。他和儿子首先设立一个定理：两个等高的物体，如果沿着高的方向截面面积处处相等，它们必具有相同的体积。这个定理的基点同阿基米德切割求和的思路相同。设想有很多铜钱，把它们一个个叠加起来，可以构成一个圆柱体。如果把它们之间的水平位置错开一些，也可以构成一个螺旋体或其他什么形状。既然每枚铜钱的体积是一定的，它们的体积的总和当然不变。根据这个原理，他们父子俩思考一个奇怪的几何形状的体积，名叫"牟合方盖"（图 15）。

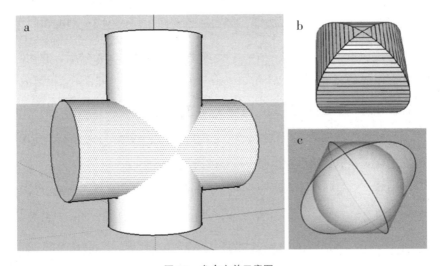

图 15：牟合方盖示意图

所谓的牟合方盖，就是两个同等直径的圆柱垂直相交而切出来的形状，如图 15b 所示。这个奇形怪状的东西最初是刘徽想出来的。刘徽在研究《九章算术》的时候，发现球体体积的计算公式是错误的："开立方圆球法：以 16 乘体积，取它的九分之一开立方，就得到直径。"用

第九章 | 百年战乱之后的父子

现代代数语言，这句话就是说，$d=\sqrt[3]{\dfrac{16}{9}V}$，这里 d 是球的直径，V 是体积。换句话说，$V=\dfrac{9}{16}d^3$。在《九章算术》的年代，人们习惯用数字 3 来近似圆周率。所以，《九章算术》给出的球体体积公式有可能是 $V=\dfrac{3}{2}\pi r^3$，这里 r 是球的半径。但这显然是不对的。

刘徽首先看出了问题，并设法寻找错误的来源。他认为，《九章算术》在估算球体体积的时候，采用的方法是比较球、圆柱和立方体之间的体积比例，如图 16 所示。

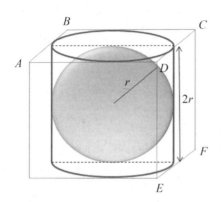

图 16：球、圆柱和立方体之间的体积比例示意图

这里，半径为 r 的球体被半径为 r、高为 $2r$ 的圆柱内切（这就是阿基米德为自己的坟墓所设计的纪念碑的样子）。立方体的边长也是 $2r$。刘徽说，我们不晓得前人是怎样得到 16∶9 这个比例的，但可以猜猜看。从垂直于平面 ABCD 的方向看下去，圆柱和球体截面（都是圆）的比值是 1∶1，而立方体跟圆柱的截面，一是方，一是圆，所以比值是 4∶3（这里的 3 相当于 π）。从垂直于平面 CDEF 的方向看呢，圆柱和球体截面（一圆一方）的比值是 4∶3，立方体和圆柱的截面（都是方形）的比例是 1∶1。于是刘徽说，《九章算术》的作者可能是根据立方体和球体在两个相互垂直方向投影的比例之积（$\dfrac{4}{3}\times\dfrac{4}{3}=\dfrac{16}{9}$）来估计球体体积的。

问题在于，上面所说的截面是球体的最大截面（半径 =r 的截面）。

如果沿着每个投影方向一层层地切割这个球体，你就会发现，绝大多数截面的半径都小于 r。所以刘徽说，$\frac{16}{9} V_{球} = V_{立方}$ 的估计是不对的。

沿着这个思路继续下去，刘徽说，对球体体积更好的估算不是立方体，而是两个相互垂直的圆柱相互切出来的体积，也就是图 15 那个牟合方盖。看看图 15b，它是不是很像两把张开的方伞，一上一下紧紧扣在一起？再仔细看看，你就会发现，这个奇形怪状的东西有三个特点：一、沿着垂直于两根圆柱的任何一根的轴线作截面，所有的截面都是半径为 r 的圆形；二、如果在两根圆柱都垂直的方向作截面，那么所有的截面都是方形（图 15b）；三、半径为 r 的球体恰好被牟合方盖内切（图 15c）。

根据这些性质，刘徽说，$\frac{16}{9}$ 的估计更适合于牟合方盖；对于球体来说，利用这个比值给出的球体体积就太大了。刘徽还注意到，牟合方盖的第二、三个特征说明，在牟合方盖截面为方形的方向，每一个内切的球体的圆形截面都恰好内切于牟合方盖的相应的方形截面。换句话说，在任何一个截面上，圆截面与方截面的比都是 $\frac{\pi}{4}$。由此，刘徽推论说，牟合方盖同内切球体的体积比是 $\frac{\pi}{4}$，当然，他用的比值是 $\frac{3}{4}$。因此，只要求出牟合方盖的体积，球的体积就知道了。可是，刘徽没有算出牟合方盖的体积来。

祖冲之父子采用下面的思路来计算牟合方盖的体积。先把牟合方盖图 15b 切成对称的两半，只看上面的一半（下面的一半跟上面一模一样；找到了一半的体积，就知道了整个的体积）。这半个牟合方盖的底面是边长为 $2r$ 的正方形。让我们在高出底面 h 的地方作一个截面，这个截面也是一个正方形，边长我们不知道，但可以用已知的半径 r 和高 h 来表示，如图 17a 所示。这里边长的一半 x、高 h 及球体的半径 r 构成直角三角形（图 17a），所以它们之间满足勾股定理，换句话说，$x = \sqrt{r^2 - h^2}$。因此，牟合方盖在高度为 h 的地方，其正方形截面的面积

是 $4x^2 = 4(r^2 - h^2)$。而以 x 为半径的圆的面积是 πx^2，所以在高为 h 的截面上，圆与正方形面积的比值是 $\frac{\pi}{4}$。

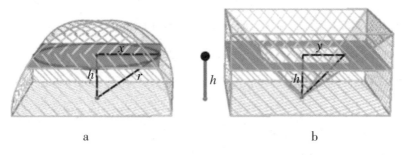

图 17

下一步，祖氏父子选择了半个立方体，这半个立方体的底面的边长为 $2r$，高为 r（图 17b）。从这半个立方体顶端的四个角向底面的中心点作直线，得到一个头朝下的"金字塔"，也就是底面为正方形的锥体。现在设想从这半个立方体内挖除"金字塔"，祖冲之父子要计算半个立方体内剩下的体积。利用跟前面半个牟合方盖同样的方法，考虑距离地面高为 h 处的截面。那里的面积是 $4r^2-4y^2$。这里，y 是挖去的倒立金字塔在高度 h 处边长的一半。我们知道，金字塔的高是 r，底面的边长是 $2r$。因此 $y=h$。那么，对于我们的半个立方体来说，在高 h 处挖去的正方形的面积是 $4h^2$。也就是说，在高 h 处，剩下的面积是 $4r^2-4h^2$。所以，在任何高度 h 上，牟合方盖的截面面积（图 16a）跟挖去倒立金字塔的半个立方体的截面面积（图 17b）都相等。根据他们父子提出的等截面原理，这两个东西的体积相等。

图 17b 的体积很容易求出，它等于 $\frac{8}{3}r^3$。这就是半个牟合方盖的体积。因此，完整的牟合方盖的体积是 $\frac{16}{3}r^3$。把这个结论乘以 $\frac{\pi}{4}$，就得到球体的体积。

"幂势既同，则积不容异"。这个原理现在叫作"祖暅原理"。这个命名是根据唐朝李淳风在《九章算术》里的注释的记录。我们不知道祖氏父子俩谁先想到的。其实，刘徽在得到牟合方盖体积同球体体积比等于 $\frac{\pi}{4}$ 的时候，他的思路里也暗含了这个原理的推广：截面处处具有同等比值的等高物体，其体积之比必与此截面之比相等。

仔细想一想你会发现，利用这个原理，如果把图 17a 中的半个牟合方盖换成半个球体，利用任意 h 高度的相应于图 17a 和 17b 截面的比值，就可以直接得到球体的体积而不必求助于牟合方盖。这个问题留给读者自己作为练习来做吧。

现在，让我们回到阿基米德最为骄傲的内切圆球的圆柱体问题。让我们采用跟祖氏父子类似的方法，但是把图 17a 的半个牟合方盖换成半个球体，把右边的半个立方体换成高为 r 的圆柱。在圆柱内还是挖一个锥形，只不过现在是一个底面半径为 r 的倒立圆锥。计算一下半圆内高度 h 处的截面面积和在同等高度 h 处圆柱在挖出倒立圆锥后剩下的圆环的面积。你得到什么结果（本章习题 2）？想象不到吧，你明白阿基米德为什么对这个结果如此骄傲了吗？

祖冲之研究过《九章算术》和刘徽所作的注解，给《九章算术》和刘徽的《重差》作过注解。他们父子还著有《缀术》一书，汇集了父子俩的数学研究成果。《缀术》在唐代被收入国子监算学馆的教本《算经十书》，成为唐代的数学课本。当时学习《缀术》需要四年的时间，可见《缀术》的艰深。《缀术》曾经传至朝鲜和日本。这本书内容过于深奥，以至"学官莫能究其深奥，故废而不理"。所以到北宋时这部书就已经逸失了。人们只能通过其他文献了解祖冲之的部分工作：在《隋书·律历志》中留有一小段祖氏父子关于圆周率的工作；唐代李淳风在《九章算术》注文中记载了他们求球体积的方法。他们还研究过"开差幂"和"开差立"问题，涉及二次方程和三次方程的求根问题。遗留下来的主要数学贡献是对圆周率的计算结果和球体体积的计算公式。

祖晅定理在西方称为卡瓦列利原理，是意大利耶稣军教士、比萨大学数学家卡瓦列利（Bonaventura Francesco Cavalieri，公元1598－公元1647）在1635年提出来的。这比祖氏父子晚了差不多一千二百年。不过，卡瓦列利的概念更为明确，他令人信服地论证，任何三维的物体都可以看成是无数二维平面的叠加。他也是世界上第一位以"积分"的思路来思考三次多项式的人，直接促进了后来微积分学的发展。

文史花絮 → 10

　　与五胡十六国同时代的欧洲，也遭遇了不同种族和文化的巨大冲突。公元350年，匈人（Huns，很可能是从中国北方迁徙出去的匈奴人）突然出现在欧洲的边缘。公元3世纪末，他们消灭了日耳曼东哥特王国。西哥特王国也遭到重创，大批日耳曼人西迁。西哥特人于公元378年在阿德里亚堡打败罗马军队，直接对罗马帝国造成威胁。公元401年夏天，西哥特人从巴尔干半岛侵入意大利，后来在公元410年攻占了罗马城，大肆劫掠三天后离去，给罗马人留下奇耻大辱。公元419年，西哥特人建立了西哥特王国，这是罗马帝国第一个不得不承认的"蛮族"王国。从公元434年到公元452年将近二十年之内，东西罗马帝国都不断遭到匈人的侵犯。公元443年，匈王阿提拉（Attila，公元406—公元453），率军攻到君士坦丁堡城外，东罗马军队全军覆没，不得已签立城下之盟。公元451年，阿提拉攻入西罗马的比利时省，一直打到靠近今天佛罗伦萨不远的波河才接受和平协议条款撤军。公元455年，罗马再次陷落，这一次是落在日耳曼的另一支汪达尔人手里。这一系列事件最终导致西罗马帝国于公元467年灭亡。

文史花絮 → 11

东汉年间,王莽篡权,改国号为"新"。为了统一全国度量衡,在建国元年(公元9年),命人依照当时大学者刘歆(约公元前50—公元23)的考订,铸造了一个量器,作为全国各地称量五谷等容器的标准。量器以青铜铸造,为的是传之久远,永垂典范,并且定名为"嘉量"(见下图)。

在量器表面有二百一十六个美丽铭文,详细记述了铸器的缘由,以及各部位的容量及尺寸等。全器一共分作五个量体,中央的圆形主体,上部是"斛",下部较浅的是"斗",右耳是"升",左耳上部是"合",下部是"龠";2龠等于1合,10合等于1升,10升等于1斗,10斗等于1斛(见下图)。斗与斛及合与龠,在度量时要反转过来才能使用。由此可知,在当时的合、升、斗、斛之间,都是以10进位制来计算的。根据实测,斛之容积为2018.66立方厘米。另外,由器表铭文与实物的比对,得知当时一尺的长度等于今日的23.0887厘米,其他可依此类推。

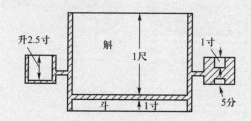

中庭多杂树，偏为梅咨嗟。

问君何独然？

念其霜中能作花，露中能作实。

摇荡春风媚春日，

念尔零落逐风飚，徒有霜华无霜质。

鲍照（约公元414—公元466；南朝文学家）：《梅花落·中庭多杂树》

你来试试看？本章趣味数学题：

1. 想一想，刘徽怎样利用嘉良斛来检查圆周率的值？

2. 把图17a中的半个牟合方盖换成半个球体，把图17b的半个立方体换成高为r的圆柱。在圆柱内挖一个底面半径为r的倒立圆锥（见下图）。计算半球内高度h处的截面面积和在同等高度h处圆柱在挖出倒立圆锥后剩下的圆环的面积。由此计算球体的体积，以及它和圆锥体、柱体体积的关系。

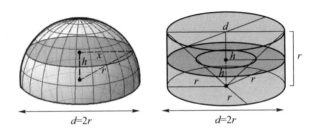

第十章　魔语一百单八句

喜马拉雅和喀喇昆仑山脉的南麓有一片广袤的半岛形陆地，跨越三十个纬度和三十五个经度。在这片温和肥沃的土地上，出现了世界最早的古文明之一：古印度文明。公元前2000年以前，雅利安人出现于印度西北部，他们渐渐侵入印度河与恒河流域，同土著融合。古印度吠陀文化逐步形成，并出现了种姓制度。在后来的上千年时间里，印度经历了一段跟中国相似的历史发展阶段。吠陀后期，种姓制度凝固定型，公元前6世纪初，北印度存在着十六个大国，这一时期出现了许多教派和宗派，意识形态领域活跃，思潮迭起，百家争鸣。印度的两大宗教，耆那教和佛教，也是在这个时代产生的，并与婆罗门教并立。（中国在这个时期产生的是道教。）

摩揭陀一直是印度北部的强国。频毗娑罗（Bimbisara）执政时代，摩揭陀的都城在王舍城（即今天的拉杰吉尔）；这里是释迦牟尼修行之处，佛祖宣讲《摩诃般若波罗蜜多心经》的灵鹫山，就在城东几十米处。频毗娑罗之子阿阇世王（Ajatasatru）执政时代，佛教和耆那教迅速发展，佛教历史上的首次集结也是由阿阇世王资助的。阿阇世的儿子优陀延（Udayin）把都城迁到了华氏城，优陀延后的统治者孱弱无能，摩揭陀经历两次王朝更替（什苏那加王朝和难陀王朝）。难陀王朝是公元前362年由摩诃巴达玛建立的。据说，摩诃巴达玛的出身并不"高贵"。但难陀王朝拥有当时全印度最强大的兵力。

不久马其顿兴起，亚历山大大帝吞并波斯帝国，并率军从西部攻入印度西北部地区。公元前6世纪中期，波斯帝国派军入侵印度河流域，以失败告终。公元前516年，波斯军队再次来袭，并征服旁遮普和印度河以西地区，一些小国和部落联盟为了利益屈服于亚历山大大帝，但更

文史花絮 → 12

那烂陀（Nālandā），古印度地名，在古摩揭陀国王舍城附近，位于今天印度比哈尔邦中部都会巴特那东南 90 公里。在此地原建有佛教寺院，名为那烂陀寺，为古代中印度佛教最高学府和学术中心。那烂陀寺规模宏大，曾有多达九百万卷的藏书，历代学者辈出，最盛时有上万僧人学者聚集于此。唐代高僧义净（公元 635—公元 713）在其著作《大唐西域求法高僧传》里这样描述那烂陀寺：

那烂陀寺宛如一座方城，四周围有长廊。寺高三层，高三到四丈，用砖建造，每层高一丈多。横梁用木板搭造，用砖平铺为房顶。每一寺的四边各有九间僧房，房呈四方形，宽约一丈多。僧房前方安有高门，开有窗洞，但不得安帘幕，以便互相瞻望，不容片刻隐私。僧房后壁是寺院的外围墙，有窗通外。围墙高三四丈，上面排列着真人大小的塑像，雕刻精细，美轮美奂。

寺庙的屋顶、房檐、院落地面，都用特制的材料覆盖，这种覆盖料是用核桃大小的碎砖和黏土制成的，覆盖料辗平后，再用浸泡多日的石灰掺和麻筋、麻滓、烂皮涂上，盖上青草三五天，在完全干透之前，用滑石磨光，然后先涂上一道赤土汁，最后再涂上油漆，光亮犹如明镜一般。经过如此处理的寺院地面，坚实耐用，经人践踏一二十年而坚固如初。

通过高僧义净的描述，我们可以想象这个庞大的建筑群：由赭红色的石头筑成，气势非凡。方形和金字塔形的殿宇从浓密的古树群中高高耸起，无数阶梯把它们连在一起，忽上忽下，最后通向殿宇的顶层，宛如登天的云梯。殿宇四周矗立着密密麻麻的砖塔，宛如一片赭红的丛林。到处是刻工精美的雕像，到处是色彩斑斓的壁画。

1193 年，突厥人巴克赫提亚尔·基尔积（Bakhtiyar Khilji，？—公元 1206）带兵攻占那烂陀寺，寺院和图书馆遭受严重破坏，大批那烂陀僧侣逃往西藏避难，从此那烂陀寺失去昔日的光辉，并渐渐被人遗忘，成为废墟。

1861 年，欧洲学者开始对那烂陀寺遗址进行初步发掘。1915 年起，那烂陀寺院遗迹被全部挖掘。目前已挖掘出八座大型寺院，四座中型寺院和一座小型寺院。八大寺按南北方向一字排列，大门朝西。大寺每边九间僧室，中寺每边七间僧室，小寺每边五间僧室。恰如高僧义净所述。

多国家选择顽强抵抗。比如杰普姆诃地区的国王波鲁斯(Porus)以群象作掩护,率三万余名将士英勇作战,牺牲两万余人,波鲁斯王受伤被俘。亚历山大大帝的东进计划推进并不顺利,他深知征服摩揭陀国并非易事,眼见将士士气低迷,他不得不放弃东进计划。

公元前321年,旃多罗笈多·毛里亚(Chandragupta Maurya,又被称为月护王)率军击溃马其顿占领军,建立了孔雀王朝。有人认为,孔雀这个姓说明他的出身为宫廷饲养孔雀的家族。旃多罗笈多领导了驱逐亚历山大残部的战斗,并推翻了难陀王朝的统治。孔雀王朝的第三代国王庇耶陀西,也就是阿育王(Ashoka,约公元前304—公元前232)将孔雀帝国的版图扩大到了顶峰。他以武功统一印度次大陆,这片疆域远远大于与他同时的秦始皇(公元前259—公元前210)统一的中国。与秦嬴政不同的是,阿育王后来皈依佛门,改为强调宽容和非暴力主义,同时大力资助宗教,对佛教、婆罗门教和耆那教都给以慷慨捐助。他统治孔雀王朝长达四十一年。

阿育王死后,摩揭陀走向衰落。后又经过巽伽、甘婆两朝,印度大部分地区被笈多帝国统一。笈多王朝定都吠舍离(即今木扎法普尔县的巴塞尔),从公元320年起传了二百多年,缔造了印度历史上的黄金时代。

华氏城虽然丢掉了首都的头衔,但并没有失去昔日的繁华。它是笈多王朝的学术中心,古老而著名的那烂陀寺就坐落在附近。那烂陀又是世界上最古老的大学之一,它的图书馆拥有当时世界上最多的佛学经典,号称真理之山。兴盛时期,校园里有上万名学生,两千多名教师,每日同时开设一百多个讲坛,授课内容包括大乘佛典、天文学、数学、医药等等,丰富多彩。

大约是在5世纪末的一天,一个名叫阿耶波多的少年来到了华氏城。

阿耶波多(Aryabhata,公元476—公元550)出生在位于讷尔默达河与戈达瓦里河之间的一个叫作阿萨玛卡的地方。十几岁的阿耶波多来到华氏城接受高等教育，后来因为学识渊博、思维聪慧，便留在那烂陀担任教职，同时负责天文台的工作。他主要从事天文学研究、著作等，他已经意识到地球是围绕着太阳转的，并且发明了好几种天文仪器。不过让他名垂青史的是他撰写的《阿耶波多历书》。

从外表看，《阿耶波多历书》很难被称为一本书。它只有一百二十三句，除去引言和背景介绍，只剩下一百零八句，用的是诗的语言。可是，每一句都是一个天文或数学问题的解法，其内容相当复杂难懂。哈佛大学语言学教授克拉克（Walter E. Clark，公元1881—公元1960）认为，这一百单八句诗文应该是另外一套详细著作的总结和缩写。首先，它利用梵语的母音和子音设定一个当时最先进的计数方法，可以非常容易地从一数到十的十八次方（10^{18}）。他在代数、几何、三角等方面都有重要的论述。阿耶波多计算出地球的周长为4967由旬。由旬是古印度的长度单位，原来指的是公牛挂轭行走一天的旅程。和古希腊、古埃及的长度单位斯塔迪亚一样，今天我们对这个长度单位也很模糊。唐玄奘在《大唐西域记》中说，旧传一由旬为四十里，印度国俗为三十里，佛教为十六里。如果采用佛教由旬（16里=8公里）来计算的话，那么阿耶波多计算的地球周长就是39746公里，这同我们今天所知的地球周长惊人地接近。另外，跟当时西方流行的观念完全相反，他相信在地表看到的天体运转是由于地球本身的自转，并由此计算出自转角速度：差不多每四秒钟转一分角度，每23小时56分加4.1秒转一周。他认为月亮的光来自对阳光的反射，并且正确地解释了日食和月食的原因。自他之后，阿耶波多天文学在印度成为主流。

对于开立方，阿耶波多在《阿耶波多历书》里只用了一句话（图18）：

第十章 | 魔语一百单八句

अघनाद् भजेद् द्वितीयात्
त्रिगुणेन घनस्य मूलवर्गेण ।
वर्गस्त्रिपूर्वगुणितः
शोध्यः प्रथमाद् घनश्च घनात् ॥ ६ ॥

图 18

翻译这句梵语可不容易。在给出满页纸的注释和翻译之后，克拉克教授干脆直接用例子来说明。阿耶波多明确地把被开立方的数字按照 10 的立方（10^3）的形式分组，把每一组里对应于 10^3 的那位数称为立方数，它后面的两位数称为第一和第二非立方数。还是用 1 860 867 这个数来当例子。这个数字被分成三组（这种现代的数字表示方法应该归功于阿耶波多），每一组右边的第一个数字是"立方数"，它左边的两个数分别是第一和第二非立方数。所以，7、0、1 都是立方数，两个 6 是第一非立方数，两个 8 是第二非立方数。让我们回头看看后面附录一中用《九章算术》里的方法所处理过的方程（1a），这次用阿耶波多的方法来开立方，详情见附录二。对比之下，我们可以看到阿耶波多的原理和早他四五百年的《九章算术》的开方法很类似，不过更为简捷清晰。看来他已经接近解决三次方程的问题了。

可是就在阿耶波多的研究工作进展神速的时候，一个剽悍骁勇的民族从西北方突然出现。匈

数海拾贝 ⑫

不定方程组是一组方程，它们有不唯一的解。比如 $ax+by=c$ 是一个简单不定方程。不过，

$$ax+by=c$$
$$x^2=d$$

两个方程结合起来，是一个不定方程组。我们前面提到的丢番图方程就是不定方程，因为它们有很多可能的解。

库塔卡是阿耶波多发明的解决一次丢番图不定方程 $ax+by=c$ 的算法，用来求 x 和 y 的所有整数解。

奴人占领了笈多帝国西部各省的大部分。

匈奴人源于中国的阴山一带。汉朝初建时期，匈奴在冒顿单于的率领下变得强大起来，东击东胡，西破月氏，成为北方的霸主，并向南对汉王朝发起攻击。当时汉室实力虚弱，从汉高祖的儿子惠帝刘盈起，断断续续一个半世纪。统治者只好以和亲的方式保障北方边境的平安，汉武帝即位后，开始对匈奴进行反击。公元前119年，卫青、霍去病大败匈奴于漠北，迫使一些部落向西北方向迁移。从那以后，双方时和时战，又过了二百年，汉帝国终于彻底打败了匈奴。

有一首匈奴古歌这样悲伤地唱过："失我祁连山，使我六畜不蕃息。"公元前1世纪中叶，匈奴分为南北两部。南匈奴归降汉朝，北匈奴向西北迁徙。4世纪初，南匈奴乘晋朝廷内乱之机建立了十六国之一的汉国。4世纪中叶，西进欧洲的那一支匈奴人发起对欧洲的战争，在那里掀起轩然大波。5世纪初，南侵的那一支匈奴人以中亚为中心分别发起对波斯和印度的战争。

战火又一次烧到了印度次大陆，笈多王朝一下子就变得风雨飘摇。阿耶波多的研究工作也受到严重影响。《阿耶波多历书》发表在公元499年，那时他只有二十三岁。不难想象，如果没有战乱，这个年轻人的前途该有多么的宽广。然而匈奴骑兵给印度带来无穷的战乱，阿耶波多也就下落不明了。他的其他著作全部湮灭在战火之中，只有这部《阿耶波多历书》侥幸存留下来。

这本薄薄的著作，它的目的是作为天文计算和数学测量法的补充，但是没有详细的逻辑和演绎法的讨论，书中还有几乎一半的内容是错误的。但书中包含了许多天才的想法和令人惊异的正确计算。他的名言，"斯塔纳姆-斯塔纳姆-达萨-古纳姆"，意思是从一个数位到另一个数位，每一位以10来乘，是目前公认的现代十位制的正式开端。也正是在他活跃的时代，明确的"零"的数学概念在印度出现，人们开始用"0"来表示数字中的空位。阿耶波多又是世界上第一个成功求解不定方程组的人，他的方法"库塔卡"（后人称之为余数粉碎法）对后世的密码学有很大帮助。2006年"信息安全大会"（RSA Conference）对他的"库塔卡"专门进行了讨论。

阿耶波多还给出了真正数学意义上的正弦表。古希腊数学家和希腊化时代的天文学家用表格的方式给出了对应于圆弧的弦长，但阿耶波多给出的是半弦长，梵文叫作 ardha-jya。后来人们把它简称为 jya。这本著作传到阿拉伯世界后，用 jiva 或 jiba 的发音来代表它。这两个词在阿拉伯文里没有意义，可是在阿拉伯文书写中，元音常常被省去，于是它就变成了 jb。由于人们总是想找到一个词语的含义，于是它又有了元音，变成 jaib，这在阿拉伯语里是衣袋、衣褶的意思，转义为怀抱。阿拉伯数学传到欧洲以后，人们用不大精确的拉丁词 sinus（小水湾）来翻译 jaib，所以就有了今天的英文词 sine（正弦）。余弦（cosine）也是来自阿耶波多，他把它叫作 koti-ardha-jya，简称为 ko-jya。

阿耶波多的著作在公元820年前后被翻译成阿拉伯文，影响深远。

> **数海拾贝 ⓭**
>
> 所有的三角函数都可以用单位圆和它的切线来表示。所谓单位圆是半径为1的圆，它的切线只跟圆的一点相交（称为切点）。见下图，OA 是半径（$OA=1$），直线 AE 切圆于 A 点，OA 和水平线 OE 交于圆心 O，角 AOD（或 AOE）$=\theta$。那么，
>
> 角 AOD 的正弦，$\sin\theta=AC$，
> 角 AOD 的余弦，$\cos\theta=OC$，
> 角 AOD 的正切，$\tan\theta=AE$，
> 角 AOD 的余切，$\cot\theta=AF$，
> 角 AOD 的正割，$\sec\theta=OE$，
> 角 AOD 的余割，$\csc\theta=OF$，
> 等等。
>
>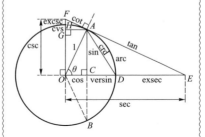
>
> 阿耶波多之前，三角关系是以角 AOB（两倍于角 θ）所对应的弦长 AB 来表达的。阿耶波多是现代三角函数的开启人。

比如，阿拉伯数学家阿布·比鲁尼（Abu Al-Biruni，公元 973—公元 1048）就说，《阿耶波多历书》是"普通石头和高贵水晶的混合"。

1975 年 4 月，印度第一颗人造卫星上天，卫星的名字就叫阿耶波多。

阿耶波多去世不久，印度次大陆又出现了一位伟大的数学家，他的名字叫婆罗摩笈多（Brahmagupta，约公元 598—约公元 665）。婆罗摩笈多出生于印度七大宗教圣城之一的乌贾因，并在这里长大成人。

婆罗摩笈多是幸运的，他一生从未离开自己的家乡，并且有个稳定的职位——乌贾因天文台的台长。他的幸运让数学的发展也沾了光，因为他在七十年的人生里，一共写了四本关于数学和天文学的著作。其中《婆罗摩历算书》最为有名。

《婆罗摩历算书》至少有四章讲的是纯数学，内容涉及几何、代数和系列演算。他第一次把代数直接运用到天文学上，是第一位明确提出关于 0 的计算规则的数学家，尽管他以为 $\frac{0}{0}=0$。他给出求解二次丢番图方程的方法，提供了计算从边长求圆内接四边形面积的公式。这个公式现在称为婆罗摩笈多公式。如果把四边形的一条边长设为零，它就成为由边长计算三角形面积的公式。他还给出一元线性方程和一元二次方程的通解。还推导出一个对数论有很大推进作用的恒等式：

$$(a^2+b^2)(c^2+d^2)=(ac-bd)^2+(ad+bc)^2=(ac+bd)^2+(ad-bc)^2 \quad (10)$$

这个恒等式说明，如果有两个数都能表示为两个平方数的和，则这两个数的积也可以表示为两个平方数的和。它在数论里有很多应用，例如"费马平方和定理"说，任何被 4 除余 1 的素数都能被表示为两个平方数的和；那么根据上面的等式，任何两个被 4 除余 1 的素数的积也都能表示为两个平方数的和。

除此之外，婆罗摩笈多还给出了负数的运算规则。这些规则与今天的规则非常接近。

婆罗摩笈多在《婆罗摩历算书》第十八章中这样提到加减法：

正数加正数为正数，负数加负数为负数。正数加负数为它们彼此的差，如果它们相等，结果就是零。负数加零为负数，正数加零为正数，零加零为零。负数减零为负数，正数减零为正数，零减零为零，正数减负数为它们彼此的和。

乘法：

正负得负，负负得正，正正得正，正数乘零、负数乘零和零乘零都是零。

至于除法，他是这样说的：

正数除正数或负数除负数为正数，正数除负数或负数除正数为负数，零除零为零。正数或负数除零有零作为该数的除数，零除正数或负数有正数或负数作为该数的除数。正数或负数的平方为正数，零的平方为零。

婆罗摩笈多认为非零之数除以零结果为零，这是不正确的。在现代数学中这个运算没有确定的解。

和阿耶波多著作的方式类似，婆罗摩笈多在著作中把文字编排成椭圆形的句子，并在最后写一首环状排列的诗。然而，他所有的数学结果都没有给出证明，我们也无法得知他的推导过程。

> 没有诗人的灵魂，不可能成为数学家。
>
> 索菲亚·科瓦列夫斯卡娅（Sofia Kovalevskaya， 公元 1850—公元 1891，俄国女数学家）

你来试试看？本章趣味数学题：

1. 证明等式（10）。

2. 证明婆罗摩笈多定理：若圆内接四边形的对角线相互垂直，则垂直于一边且过对角线交点的直线（EF）将平分对边，也就是说使 $AF=FD$。

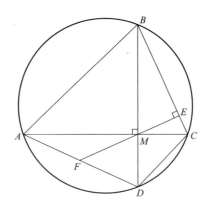

第十一章　最后的罗马人

正当数学在中国和印度突飞猛进的时候,欧洲却是一片低迷。

公元 525 年,意大利半岛北部城邦帕维亚,几个哥特士兵踢开破旧的木门,高喊道:"波伊提乌,时间到了!"

波伊提乌(Boethius,约公元 480—公元 525)从粗糙的木桌前缓缓站起身,低声自言自语:"大限竟这么快到了。可我还是没有搞清楚:如果有上帝,世界为什么会有罪恶?如果没有上帝,又哪里来的良善?"

5 世纪末期,西罗马已经在哥特人的统治之下,皇帝狄奥多里克大帝(Theodoric the Great,约公元 454—公元 526)本来非常看重波伊提乌的学识并委以重任。那时的波伊提乌,是名副其实的一人之下,万人之上。狄奥多里克大帝并不信奉天主教,但他以自己的开明和容忍赢得了大多数罗马天主教徒的支持。可是自从东罗马皇帝查士丁一世(Justin I,公元 450—公元 527)在拜占庭登基以后,一切都改变了。查士丁一世急欲恢复古罗马帝国的辉煌,在军事、外交和宗教各方面孤立西罗马,企图寻机赶走哥特人,统一大罗马帝国。那时候,西罗马皇帝狄奥多里克大帝已经七十多岁了,随着生命时日一点点减少,猜疑却在内忧外患中一天天增加。公元 523 年,波伊提乌因为元老院议员阿尔比努斯(Albinus)辩护,引起了狄奥多里克大帝的强烈不满。狄奥多里克大帝突然下令逮捕波伊提乌,并授意元老院以亵渎神圣和施用魔法的罪行判处他死刑。

一夜之间,名誉、财富、家庭、朋友都没有了。波伊提乌被囚禁,等待处决的日子。那一天肯定会到来,却不知是什么时候。就在这段身心备受煎熬的时间里,他反思自己一生的道路,写下了著名的《哲学的

文史花絮 → 13

公元 224 年,波斯第二帝国,也就是萨珊王朝崛起,连胜罗马军,在中亚地区对罗马帝国构成严重威胁。同时,日耳曼民族的崛起又从欧洲东部威胁罗马帝国。这个庞大帝国的内部也并不安定,在五十年的时间里,罗马换了二十六位皇帝。皇帝或被刺杀,或被迫退位,内战不断。公元 250 年到 270 年罗马帝国连续二十年天花泛滥,最严重的时候仅罗马城每天就有约五千人送命。罗马帝国内外交困。公元 284 年,戴克里先(Gaius Aurelius Valerius Diocletianus,公元 244—公元 312)登基,因觉得帝国过于庞大,开创四帝同治制度,同时也埋下了帝国分裂的种子。公元 395 年,狄奥多西一世(Theodusius I,公元 347—公元 395)去世前把帝国分给两个儿子。长子阿卡狄乌斯·奥古斯都(Flavius Arcadius Augustus,公元 377/378—公元 408)掌管东部,定都拜占庭,史称东罗马帝国(又称拜占庭帝国),次子霍诺里乌斯·奥古斯都(Flavius Honorius Augustus,公元 384—公元 423)掌管西部,定都罗马,史称西罗马帝国。阿卡狄乌斯统治东罗马十四年,决策无力,宠臣当权。他的软弱作风在后来的东罗马皇帝中大有继承者。霍诺里乌斯登基西罗马皇帝时年仅十一岁,大权落入大将弗拉维斯·斯提利科(Flavius Stilicho,约公元 359—公元 408)手中。其间各地反叛不断。不列颠行省建立了自治机构,彻底与罗马帝国直接分离。高卢、西班牙、阿非利加等行省多次出现僭主(凡不通过世袭、传统或是合法民主选举程序,凭借个人声望与影响力获得权力,统治城邦的统治者被称为僭主),西哥特人于公元 410 年攻占罗马城,此后七年内各地就先后出现了七个僭主。西罗马帝国的分崩离析已不可挽回。东西罗马之间长期互相觊觎,彼此提防甚至攻战,罗马帝国再也没有统一过。

第十一章 | 最后的罗马人

慰藉》。波伊提乌出生在贵族家庭，信奉基督教。但是他一生花了巨大精力研究古希腊哲学和后来的新柏拉图主义哲学，还要在雅典的学院攻读十八年之久。后世有人认为，在被关押和写作《哲学的慰藉》的过程中，他的基督教信仰逐渐崩溃，变成了无神论或泛神论者。

波伊提乌对哲学、神学、天文学、数学都十分感兴趣，翻译了大量的古希腊著作，包括亚里士多德的《逻辑学》、欧几里得的《几何原本》以及托勒密的天文学著作。他创造了一个新词汇"四艺"，用来特指对算术、几何、天文学和音乐四种学问的研究。这四种学问早在古希腊时代就被学者们所推崇，后来被人遗忘，是波伊提乌又让它们重新得到重视，后来变成欧洲教会大学里的必修课。他的名著《算数入门》是对希腊哲学家尼科马霍斯（Nicomachus of Gerasa，约公元60—公元120）的著作《算数入门》的意译和发挥；他还专门写过一部关于音乐的《音乐入门》，书中尊崇古希腊的观点，把音乐分成三个部分：自然之乐律（天体、世界和数学）、人类之乐律（人体与灵魂）、乐器（包括声乐）。

《算术入门》是一本关于数论的书。尼科马霍斯没有他的同胞毕达哥拉斯、欧几里得、亚里士多德等人的那种精密推证的精神，定理一般都不给出证明，书中错误很多。波伊提乌自己也不精通这些学问，所以在翻译中并没有订正。

波伊提乌对于数字有非常浓厚的兴趣。这种兴趣似乎来自于他对毕达哥拉斯哲学的信仰。这种哲学认为，世界是从混沌无形中创造出来的。创造出来以后，世界的秩序从本性上来说遵从"数"的规律，从最小的单位起，依照从1到4的顺序，不断朝更大的单位衍生。"4"这个数字来自古希腊的宇宙观，认为宇宙由土、风、火、水四元素构成。毕达哥拉斯的继承者柏拉图在《对话录》中说，造物主用四种元素构成世界，并使它成比例。火与土构成可见的固体世界，但需要第三个元素作为平均："两种元素不可能单独在一起，必须有第三种元素使它们两个结合。"不仅如此，世界不是平面的而是三维的，所以需要第四个元素来达到和谐。这就是四种元素可以构成三维有序和谐的世界的原因。之后，造物主又创造了世界之魂：他还把三种性质结合起来，包括两种相似（可见的和不可见的），两种不同（可见的和不可见的），两种存在（可见的和不可见的）。由此衍生出三类复杂的物质：混合的存在，介于可见与不可见之间的相似和不同。从这些复杂物质之中，产生了世界之魂。换句话说，世界之魂是以数字 2 和 3 的二次和三次方的形式构成的，也就是 1∶2∶4∶8 和 1∶3∶9∶27。它位于宇宙的中心，并向四面八方均匀渗透。

波伊提乌因此对这一类的数字非常感兴趣。他相信，类似的比例体现在星体之间的距离上，而物质世界以及人的灵魂也是由不同的数学比例构成的。他认为，人的灵魂是世界灵魂的微缩版。波伊提乌的数论对中世纪欧洲的影响非常深远，也多亏了他的翻译，使得古希腊的著作得以在欧洲上流知识阶层当中流传。在希腊和阿拉伯的著作被重新发现之前，波伊提乌的著作

数海拾贝 14

波伊提乌留下一个相当有趣的文化遗产——哲学家的游戏。这个游戏的名字叫 Rithmomachy，中文译成"数棋"。棋盘很像国际象棋，棋子上标着不同的数字，一方是双数，一方是单数。下棋时，双方按照某种规则移动棋子，当一方的棋子碰到对方的棋子，达到某种特殊比例的时候，就可以把对方的棋子"吃掉"或打败。比例可以是连带的，比如 $x:1$, $(x+1):x$, $(x+2):x$, $(x+3):x$。也可以是平均值，这里波伊提乌定义了三种平均：算数平均，$m=(a+b)/2$，比如 1∶2∶3；几何平均，$a:m=m:b$，例如 1∶2∶4；和谐平均，$m=2ab/(a+b)$，比如 3∶4∶6，等等。总之规则非常复杂，但都遵循数学计算法则。这种游戏 15 世纪到 17 世纪在欧洲宗教场所和大学非常流行，被认为是最崇高的游戏，故称"哲学家游戏"。但它不为大众所喜，已经失传了。

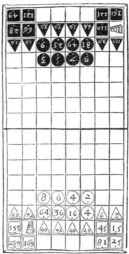

一直都是数学研究的基础。

这些书多数是波伊提乌在监牢中写成的。其中最为人知的传世之作还是要数《哲学的慰藉》。这本哲学著作后来在欧洲影响深远，使波伊提乌成为中世纪早期最著名的哲学家。对于历史，波伊提乌认为它好像一个车轮子。这大概是"历史之轮"的最早来源。随着历史之轮的滚动，有权有势的人可以沦为尘土；而贫穷饥饿的平民可以变成伟大的君主。"波伊提乌之轮"在后来的西方文学和绘画艺术中不断出现。

今天，波伊提乌自己的历史之轮终于滚到了尽头。他被哥特士兵抓住衣袍的前襟，拖出小屋，突如其来的明晃晃的阳光刺得他什么也看不见。他踉踉跄跄，来到一片空地，突然感到一条绳索绕住了脖子——

波伊提乌的一生就这样终结了。

《哲学的慰藉》成稿后的最初二三百年，并没有受到重视。后来由于机缘巧合，他的著作被当成基督教作品得以流传。多亏了这种歪打正着，才使得柏拉图和亚里士多德的哲学得以流传下来。

波伊提乌死后不久（公元529年），查士丁的侄子查士丁尼一世登上东罗马皇帝的宝座，他立即下令禁止基督教神学之外所有的学术研究。这一禁令后来成为欧洲中世纪开始的标志之一。由柏拉图亲手开创，存在了八百年的雅典学院遭到关闭，大批学者逃向东方，进入波斯。在那里，萨珊王朝的国王库思老（Khosrau I Anushirwan，？—公元579）为他们提供了优越的研究环境。而欧洲，尤其是希腊的数学研究全面停止，一停就是好几百年。欧洲的数学越来越落后，以致到了11世纪中叶，号称拜占庭帝国"第一哲学家""最聪明脑瓜"的米哈伊尔·普塞洛斯（Michael Psellos，公元1017—公元1078）在出版几何学教材的时候，竟然说他认为最好的确定圆周长的方法是画两个方块，一个在圆内、一个在圆外，两个方块周长的平均值就是圆的周长。换句话说，米哈伊尔认为最接近于圆周率的数值是二加上二的平方根（$2+2^{\frac{1}{2}}$），也就是 3.4142……。这跟一千二百年前阿基米德计算圆周率的差别，不是

3.1412 和 3.4142 这两个数字的数值差别所能体现的。

所以难怪到了 13 世纪、14 世纪，拜占庭的大学者普拉努德斯竟然看不懂丢番图的《算术》了。

现在你若是把你的慧眼随着我的赞美的言辞，

从一个光移向另一个光。

你就已渴望那第八个了。

在那里面的是那因看到一切的善而喜悦的神圣的灵魂，

他向好好倾听他的人揭露尘世的欺诈虚伪。

他那灵魂已经被逐走的身躯，

如今在人间葬在"金顶"教堂内，

而灵魂从殉道和流放中来到这仙界。

但丁（Dante Alighieri，公元1265—公元1321，意大利诗人）

《神曲》（朱维基译）

注：此节选自《天堂篇·第十首——日轮天：哲人的星环》。这里是第四层天堂，"许多光芒逼人的精灵"以但丁为中心围成圆圈，光辉灿烂，"歌声更令人喜悦"。身在日轮天的托马斯·阿奎那（Thomas Aquinas，公元1225—公元1274，中世纪经院学派哲学家和神学家）向但丁介绍这一层天堂居住的伟大宗教思想家们，这里"第八个"就是波伊提乌。

你来试试看？本章趣味数学题：

米哈伊尔·普塞洛斯认为最好的确定圆周长的方法是画两个方块，一个在圆内，一个在圆外，两个方块周长的平均值就是圆的周长。证明他的近似方法实际上是说圆周率近似于 $(2+2^{\frac{1}{2}})$。

第十二章 目中无人的太史丞

好大一座城!

正南正北四四方方,方圆好几十里。城墙高耸,似乎有上百米高,城楼巍峨,飞阁重檐。城里面,黑瓦的屋顶连成乌压压一片,掩映在绿荫深处。这片绿叶和黑瓦的海洋被几十条南北、东西的大道切割成无数长方块,每块都筑有围墙,整整齐齐,干干净净。大道笔直,宽近百米,两侧是参天的古槐古榆,树下有排水沟。沿着中轴线从市中心向北是一片连绵不断的宫殿,琼楼玉宇,雕梁画栋,香烟缭绕。鼓乐之声隐隐约约,不绝于耳。

在这豪华巍峨、举世无双的皇宫里,皇帝李渊的心情可不怎么样。

时间是公元623年,唐武德六年。按说李渊应该高兴才是。经过长期的艰苦拼战,他终于在三四年前登上皇位,不久普天之下尽归大唐。他依照隋文帝的旧制重建中央和地方行政制度,修订律令格式,颁布均田制及租庸调制,重建府兵制。这样,大唐的职官、刑律、兵制、土地还有课役都有了点模样。可是家里头却越来越不像话了,二十多个儿子,尤其年长的那几个,钩心斗角,结党营私,相互谗害,连嫔妃也卷进来了。更有甚者,还有投毒陷害、蓄意谋杀的。这一切让年近花甲的李渊疲惫不堪。不久前,次子秦王李世民的心腹刘文静恃才傲功,屡次出言不逊,李渊一怒之下砍下了他的脑袋。

紫檀木的案几上,薄薄的书卷已经摆放好几天了。《缉古算术》,这是什么玩意儿?近来边境战事频仍,李家的万代基业,比国事更重要。这个时候,哪有心思看什么算学?可是今天李渊心情特别不好,没心思读奏折。他随意拿起书卷,看了看落款:太史丞王孝通撰。

王孝通?李渊仔细想了想,似乎有一点模糊的印象。此人好像是隋朝遗官，因为精于算学，留任算历博士。大唐方兴，人们发现通用的天文历书——傅仁均所撰《戊寅元历》里面推算的日食月食与观测到的天象不符，李渊曾责成王孝通协同大理寺卿崔善为对《戊寅元历》进行改进。王孝通仔细计算，发现并改正《戊寅元历》错谬三十余处，此后他官升太史丞。

李渊打开书卷，漫不经心地翻了翻。第一题是推求月球赤纬度数，后面的题都是一些关于修造观象台、修筑堤坝、开挖沟渠、建造仓廪地窖等土木水利工程施工的计算问题，李渊看不懂。另有一张进表，名曰《上缉古算术表》。表上的话，翻译过来就是说：做皇上的，管理百姓万方，让他们信奉神明，给他们教育，选择有能力的人来管理具体事务，而在这类事情中想要人尽其能、物尽其用，最需要的就是计算。李渊看了，暗自点头。王孝通接着说，当年周公制礼，有九数之名，这九数就来自于《九章》。"其理幽而微，其形秘而约，

数海拾贝 ⑮

古代的中国人给不同形状的体积取了复杂而有趣的名称，"刍童"便是其中的一个例子。刘徽在《九章算术注》里说："凡积刍，有上下广曰童。甍，谓其屋盖之茨也。是故甍之下广袤与童之上广袤等正。正斩方亭两边，合之即刍甍之形也。"

想要理解这段话的意思，必须先搞清"积刍"的意思。先看什么是刍（音同邹）。

《周礼·大宰》："刍秣之式。"有注说："养牛马禾谷也。"所以刍是刍秣的简称，也就是喂养牛马的草料。那么，积刍就是堆草垛了。

因此，刘徽的意思应该是这样的。积刍的形状分两类：上下有顶面的，叫作刍童；像屋顶茅草盖那样（只有一个顶面）的，叫作甍。甍的底面的大小跟童的顶面（"上"）的宽度（"广"）和深度（"袤"）大小相同。设想有一个方亭，把它切开，就有了甍和童（见下图）。

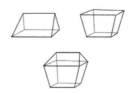

上图中，左面是刍甍，右面是刍童，下面是方亭。宋代大科学家沈括在名著《梦溪笔谈》里讨论过很多不同立体形状的体积问题。它们的名字在今天看来都相当古怪有趣，如刍甍、刍童、冥谷、堑堵、鳖臑、阳马等。

第十二章 | 目中无人的太史丞

重句聊用测海，寸木可以量天，非宇宙之至精，其孰能与于此者？"李渊忍不住微笑起来，心想，这呆子喜好算学，可以理解；算学也确实有用。不过把《九章》之九扯到周礼之数，未免牵强。接着，王孝通概述了算学的发展。《九章》以后，有刘徽的工作，"虽即未为司南，然亦一时独步"（也就是说，刘徽的工作虽然没有起到指导方向的作用，但在当时也是出类拔萃的了）。然而从那以后，数学的研究却渐渐式微。至于后来祖冲之父子所作的《缀术》，那是"全错不通"！

李渊忘记了烦恼，津津有味地读下去。这篇文章后面的意思，大致是说：微臣在平民百姓家长大，从小就学习算术。本来不聪明，但还算努力，一直钻研到头发都白了。研究是没有止境的，无奈没有人知道我的成就……看《九章·商功篇》讲述计算面积体积的方法，有些复杂的形状，可能上面宽，下面窄，前面高，后面低等，正文里面，都缺失了，不予讨论，这样使得现在有些不明白道理的人们不论平正还是歪斜，一概搬用。这不是拿方形的把手去插圆形的孔吗？微臣白天晚上都在想这件事情，望着自己写的书叹气，就怕哪天我死了，将来没人能看到他们的错误。于是我把不平不正的问题搜集了二十多个，取名叫《缉古算术》。请陛下遍访天下能算的人，让他们仔细考量，有无错误。如果哪位能改其中一个字，微臣将给他酬金千两。

李渊读到最后一句，忍不住大笑起来。旋即降旨，即刻刊印《缉古算术》，心里说，我看到底有没有人能给你找到错失。

武德八年（公元 625 年）5 月，《缉古算术》在长安成书，瞬间成为经典，被用作国子监算学馆数学教材。这本书后来被称为《缉古算经》，被称为中国古代算学"十经"之一，流传千古。

今人有评论说，王孝通说刘徽"未为司南"，自己"曲尽无遗，终成寡和"，可谓狂妄自大；至于讲祖氏父子"全错不通"，不是无知不懂，就是颠倒黑白。也许王孝通的个性确实如此。可是从数学史和科学研究的角度来看，这些人的评论就显得不着边际。研究人员的主要任务是发现别人工作中的错误和弱点，加以改正、提高。即便真是狂妄自大又怎么样？应该把一个人品格和性格上的缺点跟他的研究结果分开来看。

实际上，王孝通的《上缉古算术表》的方式有点像今天人们向提供经费的部门提交科研计划时的做法：先论说自己领域的工作多么重要，再抓住别人工作的弱点和缺点加以攻击；最后许愿：本人有能力改进前人的缺点、弱点，本人的研究结果将对本学科产生重大影响，等等。

王孝通的工作确实对数学有很重要的影响，因为《缉古算经》记载了中国最早的一元三次方程的解。

"假令太史造仰观台，上广袤少，下广袤多。上下广差二丈，上下袤差四丈，上广袤差三丈，高多上广一十一丈。甲县差一千四百一十八人，乙县差三千二百二十二人，夏程人功常积七十五尺，限五日役台毕。……"这是一个多层次的问题，其中的一部分是求仰观台的长、宽和高。

仰观台是一个梯形界面的长方体天文观测台，也就是《九章算术》中所说的"刍童"，只不过是倒扣过来的。王孝通先求上宽，相当于以上宽为 x，于是下宽为 $x+2$，上长为 $x+3$，下长为 $x+7$，高为 $x+11$。根据《九章算经》中的刍童体积公式，仰观台的体积应该是：

$$\frac{x+11}{6}[(2x+6+x+7)x+(2x+14+x+3)(x+2)]=1740\ (立方丈)$$

化简以后，得到 $3x^3+51x^2+215x=5033$。

《缉古算经》一共提到了二十八个三次方程，它们都具有下面的形式：

$$x^3 + ax^2 + bx = c \qquad (11)$$

其中的系数 a、b 和 c 都是正数并且 c 不为零。通过几何方法，王孝通以文字描述的方式建立了这类方程。至于方程的解法，他只说"开立方除之"，没有细节。后世数学史家估计他是用《九章算术》的开立方术中求方根第二位及以后各位的方法来求三次方程的正根的。另外，为了简化开方程序，他把所有三次方程的最高项系数都化为 1。经过后人验证，他的解答都是正确的。

这个问题值得花些时间仔细研究一下。先说堤坝的几何形状。这是一个截面为梯形的柱体，截面的面积随柱体的长度的变化而变化（下页图 19）。让我们用 A、B、H 来表示西头（左侧）截面的上广、下广和高；用 a、b、h 表示东头（右侧截面的）上广、下广和高；以 V、l、L 表示堤坝的体积、正袤和斜袤。甲县 6724 人负责的堤段是图 19 中的右边部分，它的上广、下广、高、正袤、斜袤和体积我们分别用 a'、b'、h'、l'、L'、V' 来表示。左边的部分由乙、丙、丁三县的 48 906 名民工负责。所有的民工加起来，是 55 630 人。要求大坝工程一天完成（四县共造，一日役毕）。问题给出的条件是 $B-A=6$ 丈 8 尺 2 寸、$b-a=6$ 尺 2 寸、$H-h=3$ 丈 1 寸、$a-h=4$ 尺 9 寸、$l-h=476$ 尺 9 寸。根据这些条件，对图 19 中复杂的形状做几何分割，再把分割后的碎片拼成若干个规则的几何形状，每一个的体积可以依靠公式计算出来，最后把它们求和，就得到总体积。这是一个需要有清晰的三维空间思维能力的做法，王孝通得到的堤坝体积公式为：

$$V = \frac{1}{6}\left[(2H+h)\frac{A+B}{2} + (2H+h)\frac{a+b}{2}\right]l \qquad (12)$$

有兴趣的读者不妨自己去试试看能否得到同样的公式。甲县负责的那一部分，其体积 V' 也可以通过类似的公式得到，只不过是把上式中的 A、B、H、l 换成 a'、b'、h'、l' 而已。如果我们知道每人每日平均筑坝的体积（立方几尺几寸），那么就知道了 V 和 V'。于是整个

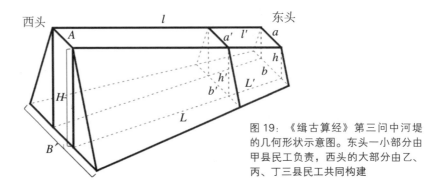

图 19：《缉古算经》第三问中河堤的几何形状示意图。东头一小部分由甲县民工负责，西头的大部分由乙、丙、丁三县民工共同构建

坝体以及甲县负责部分的上广、下广、高、正袤、斜袤便可以求出来了。这里虽然没有明确的未知数的符号出现，但是在环环相套的运算过程中，计算者显然是随时要把未知数牢记于胸的。

但到此还没有完全解决问题。要想"一日役毕"，必须统筹安排55 630人的工作，挖土、运土、筑坝同时进行，早上开始，日落时全部结束。挖土的有挖土的进度，而且挖的土方和最后出土量不同（"穿方一尺得土八斗"）。运土的需要考虑路程的长短，而且路况非常复杂，有山路、平路、水路（"隔山渡水取土"）。这个复杂的系统工程，对王孝通来说并不陌生。实际上，从《九章算术》的年代起，中国古代数学家就必须面对这样的问题，而且发展出一套计算方法，叫作"齐同术"。齐其人、同其土，所有工作同期完成。

王孝通考虑的运土路况，大致由图20所示。

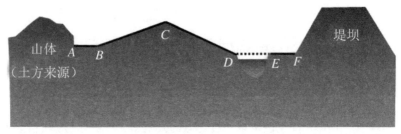

图 20：修筑堤坝系统工程土方运输道路示意图。根据沈康身论文《王孝通开河筑堤题分析》改画

土方的来源在图的左侧。挖出土来后，运土的人要走过平路十一步（AB），上坡路三十步（BC），下坡路三十步（CD），渡河十二步（DE），平地十四步（EF）。上下坡对速度有影响（"上山三当四，下山六当五"——上山速度是平地速度的 3/4；下山速度是平地的 1.2 倍），水路速度最慢（"水行一当二"——水路是陆路速度的一半）。从 A 到 E 路况复杂，又要陆水改换，所以需要给人家喘息的时间（"平道踟蹰十加一"）。这些因素都要考虑进去，听上去复杂得似乎令人抓狂。

王孝通先计算从 A 到 F 运土折合成平地的步数是一百二十四步。根据题中给出的条件，每人每天挖土九百九十二升（"每人一日穿土九石九斗二升"），填土十一立方尺四又十分之六立方寸（"每人一日筑常积一十一尺四寸、十三分寸之六"），在平地上运土二十四点八升并走一百九十二步，而且每天运土六十二次（"每人负土二斗四升八合，平道行一百九十二步，一日六十二到"）。

从这里，可以得到每人每天挖土、运土和填土的能力。由此可以算出挖土、运土和填土人力的比值，以达到日落时全部完工的目的。王孝通得到的比例大约是 12∶5∶13。我们不必深入钻研具体的计算，因为这毕竟只是一个计算的案例，里面还有一些因素我们不大清楚是如何处理的。比如运土人从 F 点回到 A 点的速度，还有立方尺与升斗担的具体关系。

《缉古算术》刊行的第二年，李世民发动玄武门之变，杀死了长兄皇太子李建成和四弟齐王李元吉，迫使李渊退位，封其为高祖，自己登基，为太宗。由于担心玄武门事件在史书中的评价，李世民强迫史官出示《起居注》和《实录》，并加以篡改，开创皇帝直接干涉史录之先。贞观二十三年，太宗驾崩，第九子晋王李治继位，为高宗。显庆元年（公元 656 年），国子监内添设算学馆，收取学生三十人专习数学，以十部算经及《三等数》等为主要教材。

算学馆这个机构早在隋代就有了。《隋书·百官制》记载说："国子寺祭酒……统国子、太学、四门、书、算学，各置博士、助教、学生等员。"其中算学类设博士两人，助教两人，学生八十人。唐代的算学馆内按明算科学制分为两组，均限七年。每组专业学生十五人。第一组学《孙子算经》《五曹算经》《张丘建算经》《夏侯阳算经》各一年，《九章》《海岛算经》共三年，《周髀算经》《五经算术》共一年。第二组学《缀术》四年，《缉古算经》三年，总共七年。所有学生都必须兼学《数术记遗》和《三等数》。有意思的是，尽管王孝通说《缀术》"全错不通"，唐制规定学生还是要学，而且是跟王孝通的《缉古算术》一起学，可见朝廷把研究人员的这种意气之词全不当一回事。

　　七年是相当长的时间，比现在一般攻读博士还要久，因为就当时的数学水平和计算工具来说，很多问题的求解相当复杂困难。王孝通觉得，《九章算术》之类算书里面的问题过于简单，跟实际情况相差太大，所以他搜集到著作中的都是复杂问题。比如《缉古算术》中的第三题，假设从甲、乙、丙、丁四县征派民工修筑河堤，这段河堤的横截面是等腰梯形，已知两端上下底之差，两端高度差，一端上底与高度差，一端高度与堤长之差，且已知各县的出工人数、每人每日平均取土量、隔山渡水取土距离、负重运输效率和筑堤土方量，以及完工时间等，求每人每日可完成的土方量、整段河堤的土方量以及各县完成的堤段长度等。前两个问题是比较简单的算术问题，后两个问题则要经过较复杂的推导和几何变换归结为建立和求解形如方程式（11）的三次方程。这简直是一个系统工程了。

臣闻：九畴载叙，纪法著于彝伦；六艺成功，数术参于造化。夫为君上者，司牧黔首，布神道而设教，采能事而经纶，尽性穷源，莫重于算。昔周公制礼，有九数之名。窃寻九数，即《九章》是也。其理幽而微，其形秘而约，重句聊用测海，寸木可以量天，非宇宙之至精，其孰能与于此者？

王孝通：《上缉古算经表》

你来试试看？本章趣味数学题：

验证仰观台的体积

$$\frac{x+11}{6}[(2x+6+x+7)x+(2x+14+x+3)(x+2)]=1740（立方丈）$$

可以化简为 $3x^3+51x^2+215x=5033$。

第十三章　引入代数的波斯人

自从公元前 2 世纪张骞出使西域以来，一代接一代的探险者用双脚踩出了一条六千多公里的艰难道路。这条路西出长安，经武威、张掖、酒泉抵玉门关，北折哈密，西向高昌，从天山南麓、塔克拉玛干沙漠北缘穿过龟兹、姑墨而至疏勒（喀什）。从这里西越葱岭，便进入大月氏人的领地。

明晃晃的太阳，耀眼的蓝天，举目四望，漫漫黄沙，像是凝固的黄褐色海洋。远处的山脉像一道巨大的屏障，山顶白雪皑皑，一片肃杀。

大月氏本来活跃在中国的河西走廊西部（张掖、敦煌一带），后因败于匈奴，被迫西迁进入中亚，落脚在河中地区的索格底亚那。那里，辉煌的波斯文明持续了一千多年，它的最后一个王朝叫作萨珊。

夹在中国和萨珊王朝之间，有一个中国古书上称之为"火寻"的国家。当地人称自己的国家为"太阳的土地"。它坐落在阿姆河三角洲上，西邻克孜勒库姆沙漠，北滨咸海，是丝绸之路上重要的绿洲地区。这是个历史悠久的小国，但由于弱小，经常被人欺负。它的名字叫作花剌子模。

丝绸之路是连接东方和西方的地理奇迹。万里之外，文学、故事与传说相互融合，产生了梦想的仙境、海市蜃楼的王国。它串联着一颗颗梦幻浪漫的地理珍珠，走过比一千零一夜还要漫长的旅程，不仅是丝绸、玉石、香料、瓷器之路，也是诗歌之路、数学之路。自公元 8 世纪、9 世纪起，唐代的绝句、波斯的柔巴依（一种四行诗），中国、印度、阿拉伯的数学在东西方的天空下交相辉映，璀璨斑斓。

公元 749 年前后，阿拔斯王朝取代倭马亚王朝，控制了阿拉伯半岛和波斯的大部地区，并进入了埃及。阿拔斯王朝在中国史书中被称为黑

文史花絮 → 14

  从索格底亚那向西,直到地中海,从公元4世纪到7世纪一直是萨珊王朝的版图。它包括了当今伊朗、阿富汗、伊拉克、叙利亚、高加索地区、中亚西南部、土耳其部分地区、阿拉伯半岛海岸部分地区、波斯湾地区、巴基斯坦西南部,控制范围甚至延伸到印度。在这片广袤的土地上,古波斯文化的发展达到了巅峰状态,并在很大程度上影响了罗马文化。萨珊王朝的文化影响力远远超出了它的边界,遍及西欧、非洲、中国及印度,对欧洲及亚洲中世纪文化艺术的形成起了重要作用。

  可是当手持黑旗,挥舞弯刀的骑兵从阿拉伯半岛内地杀来的时候,这个辉煌的文化已经气息奄奄了。公元651年,萨珊王朝的最后一位皇帝伊嗣俟三世(Yazdegerd Ⅲ,?—公元651)被一个贪图哈里发赏银的波斯磨坊主杀死在梅尔夫(这是位于中亚土库曼斯坦的一个古代绿洲城市,是丝绸之路的要道)。王子俾路斯(Peroz Ⅲ,公元636—公元679)携带五千名随从向北经过锡尔河与阿姆河之间的撒马尔罕、塔什干、苦盏和贰师城,翻越葱岭,穿越唐朝安西都护府的昆仑山脉南道,再次经过河西道和陇右道来到唐长安城。在那里,唐高宗李治(高祖李渊的孙子,公元628—公元683)授他为大将军,他的一个姐妹甚至嫁入唐皇室。另一路波斯人向南逾越兴都库什山脉的几道山口,逃亡到曾经属于萨珊疆土的印度河河口北岸的古吉拉特邦,迄今为止当地还有依兰沙赫尔人(萨珊人的自称)的后裔。另外还有一支王室在马赞德兰这个地方利用游击战和臣服于周边强国的方式延续到1350年,最终被蒙古札剌亦儿王朝攻灭。波斯文化的脉络由于萨珊王朝的覆灭而斩断。

衣大食。公元751年（唐玄宗天宝十年）那个干旱酷热的夏天，黑衣大食与唐朝军队在怛罗斯河畔发生激烈战斗，唐朝的安西节度使、高句丽人高仙芝所率的三万余唐朝将士几乎全军覆没。接下来的安史之乱和藩镇割据使唐王朝无力经营西域，从此退出对中亚的争夺。不过，慑于唐军的作战能力，阿拔斯王朝也打消了东进扩展领土的打算。

又过了三十五年，哈伦·拉希德（Harun al-Rashid，约公元766—公元809）登上哈里发宝座，黑衣大食进入鼎盛时期。其首都巴格达与唐朝的长安并列，同为世界第一流大城市，是科学研究、艺术交流、贸易往来的中心。罗马人、希腊人、中国人、印度人，各个民族汇集在这里。也正是这个时候，智慧之宫在巴格达出现。

智慧之宫本来是萨珊王朝对图书馆的称呼，后来被阿拉伯人所采纳。拉希德时期，巴格达的智慧之宫是继亚历山大里亚的缪斯殿和那烂陀的真理之山之后世界上最大、最重要的学术研究机构。从公元9世纪到13世纪的四百年间，大批阿拉伯学者聚集在这里从事研究、教育工作，同时把无数的波斯、希腊文著作翻译成阿拉伯文。

智慧之宫后来在蒙古人侵入之后被毁了。它原本拥有结构复杂、格局宏伟的大厅，柱子和屋顶都是洁白的大理石筑成的，精雕细刻出各种各样的花卉和精妙的几何图案，还有弯弯曲曲的文字缠绕其间。地面上镶嵌着亮闪闪的瓷片。整个大厅空空荡荡的，没有家具，也没有雕像，只是随意丢撒着一些坐垫和地毯，很多身穿白袍头裹白布的学者们盘坐在地上，有的高谈阔论，有的埋头读书。大厅的墙壁上密密麻麻全是四方形的孔，大约十五厘米见方，周围装饰着精致繁复的几何图形，花纹呈现白、绿、蓝、黄等颜色，让人目不暇接。那些方孔就是存放书籍的地方。跟亚历山大里亚的缪斯殿一样，当时的书籍大部分是卷起来的，所以需要像今天信箱类似的空间来存放。

拉希德的儿子接任哈里发后，做了一个奇怪的梦，梦中亚里士多德来到宫廷与他谈话。他醒来后，下令把能找到的古希腊学术著作全部翻译成阿拉伯文。这些希腊文本一部分来自逃亡的希腊学者，更多的来自于拜占庭王朝。当时阿拉伯帝国和东罗马帝国之间冲突频繁，和约屡签屡毁。签约时双方按照惯例互赠礼物，查士丁尼之后的拜占庭对古希腊的非基督徒文化持完全蔑视的态度，既然阿拉伯人感兴趣，把那些没用的古希腊纸草卷送给他们大概是最合算的礼物了。

智慧之宫第一位负责人名叫穆罕默德·伊本·穆萨－花拉子密 (Muhammad ibn Mūsā al-Khwārizmī，约公元 780—约公元 850)。他是波斯人，年轻时便离开了家乡，前往当时的学问中心巴格达。他先在宫廷里服务，后来又去了智慧之宫，主要负责把古希腊、古波斯和古印度的科学文献，特别是数学和天文学文献，翻译成阿拉伯文。在翻译期间，他进行了大量的独立研究。

公元 820 年，花拉子密在巴格达出版了一本划时代的书，名叫《移项和集项的计算》，这本书的阿拉伯语名字是 *Hisab al-jabr wa'l-muqabalah*（英语译名为 *The Compendious Book on Calculation by Completion and Balancing*）。阿拉伯文的 al-jabr 一词，原意是平衡或重组，含义相当广泛。比如骨头断了，是一种平衡的丧失；接骨师接上，就恢复了平衡（重组）；因此，al-jabr 在阿拉伯语中可以指接骨师。不过在花拉子密的书名里，al-jabr 指的是一种平衡的代数运算——移项完成后，等式两端恢复平衡。在这本书中，花拉子密已经有了明确的负数概念——他知道，把等式一端带有负号的项移到等式另一端，就应该把该项用正号来表达了。这就是我们今天说的"移项"。这本书转译成欧洲文字，书名逐渐简化，其内容就以 al-jabr 这个词代之，经过一段时间的演化，英文就多了一个新词——代数（algebra）。

早期的代数与几何紧密相关。我们前面讲到的希腊人研究二倍立方的方法，全部是依靠几何概念进行的。花拉子密首开静态方程求解之端，代数从此独立于几何。同样重要的是，他把具体的数学问题抽象化，使得人们不再像《九章算术》那样单独处理一个个数学问题。数学的解有了接近于今天"公式"的雏形。

花拉子密是第一位明确看到代数和几何之间的密切联系的人。他有一个著名的求解一元二次方程的方法，名叫"填补方块法"。比如，如何求解方程 $x^2+10x=39$。

花拉子密说，未知数 x 的平方（x^2）代表一个边长为 x 的方块的面积（图 21a）。$10x$ 也是一个面积。我们现在把面积 $10x$ 四等分，每份都是长方形，使长方形的一条边等于 x，那么长方形的另一条边就等于 $\frac{5}{2}$。这个道理从图 21b 中很容易看到。现在我们知道，39 就是图 21b 画出的面积的总和。怎么解出 x 呢？花拉子密说看看图 21c 就知道了。图 21c 是一个比 x^2 大一圈的方块，它的面积同图 21b 的差就是那四个小方块。而我们已经知道这些小方块的大小：它们每一个的边长都是 $\frac{5}{2}$。

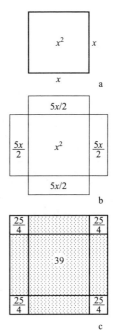

图 21：花拉子密的"填补方块法"可以用来求解 $x^2+bx=c$ 一类的二次方程（其中 b 和 c 都是正数）

花拉子密翻译过《阿耶波多历书》，还引进了印度数字（也就是我们今天所说的阿拉伯数字），采用 10 进位制进行算术计算。这些后来都被引介到欧洲，逐渐代替了欧洲原有的算板计算及罗马的记数系统。欧洲人把他的名字拉丁化，叫作 Algorithm。后来，人们便称那种采用印度—阿拉伯数字来进行的、有规则可寻的计算方法为 Algorithm（算则）。

在自己的书中，花拉子密把精力集中在线性方程和二次方程上。他没有涉及三次方程，也没有意识到等于零的根，更不懂负数的根。而早在公元 7 世纪，本书前面提到过的印度数学家婆罗摩笈多在解决一元二次方程的时候，就认识到负数根了。花拉子密的贡献在于把代数从附属于几何的位置上独立出来,代数学从此突飞猛进。

图 22:五彩缤纷的阿拉伯式花纹

花拉子密还研究过阿耶波多与婆罗摩笈多的三角学,并进行了大大的改进。这里顺便说一下,几何学在阿拉伯帝国崛起期间也得到长足的发展。阿拉伯人发明了极为繁复华丽的几何装饰图案,被称为阿拉伯式花纹。

阿拉伯式花纹不仅在视觉上美丽迷幻,充满象征意义,在数学上也极为精准,所以它们既是艺术也是科学。公元 2007 年,哈佛大学的华裔博士后陆述义和他的普林斯顿大学博士导师斯坦哈特(Paul Joseph Steinhardt,公元 1952—)在《科学》杂志上报告,他们发现了阿拉伯式花纹的五种基本元素(图 23a):十边形、五边形、菱形、拉长六边形、领结形。从任何一条边作两条线段,都与该边成五十四度角(请参考图 23a 中五种元素中的蓝色线段)。这五种元素可以构成无穷种图案。陆述义证明,这五种几何元素都可以由著名的潘洛斯(Roger Penrose,公元 1931—,英国数学物理学家)潘洛斯铺砖法(Penrose tiling)中的两种最基本元素(风筝形和箭头形,参见图 23e)构成。而这种瓷砖法可以构成二维非周期但自我相似的无线延展,是描述准晶的理论基础。所谓的准晶是一种介于晶体和非晶体之间的固体。准晶具有与晶体相似

第十三章 | 引入代数的波斯人

的长程有序的原子排列；但是准晶不具备普通晶体的平移对称性。这种平移对称性要求普通晶体只能具有二向、三向、四向或六向旋转对称性，但是准晶具有无法向空间无限延展的对称性，例如五向对称性或者六向以上的对称性，在几何上是一种非周期平铺图形。从图23b—23d我们可以看到阿拉伯式花纹常常具有五向或十向对称性。1986年，以色列物理学家丹尼尔·舍特曼（Daniel Shechtman，公元1941— ）在快速冷却的铝锰合金中发现了一种新的金属相，其电子衍射斑具有明显的五次对称性，这是第一次发现准晶。丹尼尔·舍特曼因此获得2011年诺贝尔化学奖。

图23f是现代科学理论给出的银铝合金准晶的原子模型，你看，它跟图23c的图案非常相像。一千年前的建筑装饰预言了现代准晶的原子分布图案，这难道不是很神奇吗？

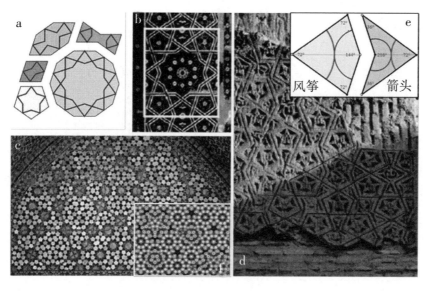

图23：a：阿拉伯式花纹的五个基本元素。b—d：几种清真寺礼拜堂的几何图形。e：潘洛斯第二类瓷砖法的两个基本元素。f：银铝合金准晶的原子模型

公元 9 世纪的初叶，有一位在巴格达工作的数学家写了一本开创性的著作，其中解释了平衡方程（也就是把从方程一侧减掉的量加到方程的另一侧）的用处。他把这个过程称为 al-jabr（阿拉伯语"回复、重建"的意思），这个字后来变成了 algebra。在他死后很久之后，他中了词源学的大奖：他自己的名字花拉子密（Khwarizmi）今天活在"运算法则"（Algorithm）这个词里面。

史蒂文·斯特罗加斯：《x 的喜悦》

你来试试看？本章趣味数学题：

根据图 21，请读者利用花拉子密的方法求解 $x^2+10x=39$。

第十四章 写柔巴依的数学家

树荫下放着一卷诗章,一瓶葡萄美酒,一点干粮,有你在这荒原中傍我欢歌——荒原呀,啊,便是天堂!

(郭沫若译)

写这种诗的人肯定是热爱生活的。这首诗出自《柔巴依集》,这部诗集如今在东西方都相当有名,它的作者奥马尔·海亚姆(Omar Khayyám,公元1048—公元1122)(又译莪默·伽亚谟)被公认为中世纪最伟大的波斯诗人,以至于他在数学和天文学上的贡献,反倒不大为人所知了。

奥马尔出生在位于今天伊朗的内沙布尔,当时是塞尔柱突厥王国(中国古书把这里称作"呼罗珊")的首府。奥马尔的父亲是制造帐篷的匠人。他先在著名的谢赫(部落长老)、学者穆罕默德·曼苏黎(Muhammad Mansuri,生卒年不详)指导下学习,后来拜于呼罗珊王国最伟大的学者伊曼·默瓦法克(Imam Mowaffaq Nishapuri,生卒年不详)门下。

有波斯的传闻说,奥马尔师从默瓦法克时,与两位同窗结为莫逆之交。这两个人一个叫哈桑·本·萨巴哈(Hassan Ben Sabah,公元1018—公元1092),另一个是尼扎姆·穆尔克(Nizam al-Mulk,生卒年不详)。三人发誓,苟富贵,勿相忘;一人发迹,三人平分。几年后,三人各奔前程。尼扎姆去喀布尔从政,不久成为呼罗珊王国苏丹阿尔普·阿尔斯兰(Alp Arslan,公元1029—公元1072)的重臣,衙门设在内沙布尔。哈桑也想从政,尼扎姆便为他找到一份肥缺。奥马尔则希望把精力全部放在研究之上,于是尼扎姆设法说服了苏丹,发给奥马尔年薪,让他专心治学。

奥马尔一边研究数学，一边为宫廷修改历法，同时为了消遣用阿拉伯文写下许多被称为柔巴依的四行诗。这些诗后来编纂成集，便是著名的《柔巴依集》。数学、天文、美酒和女人都是他吟咏的对象，那是他自己的生活。然而，在他玩世不恭的背后隐藏着深刻的迷惘："我无法使自己全神贯注于代数的学习，因为时代的奇事逸闻和重重困苦妨碍了我。作为一个弱小的民族，我们缺乏学识渊博的人，问题多多，对生活的需求又剥夺了我学习的机会，只能利用睡觉的时间进行科学研究。而大多数人却只是模仿哲学家，把谬误当成真理，除了欺骗和假冒学者以外什么也不做；他们用自己知道的那点学问来追求财富，每当看到追求正确、倾向真理、努力反驳谬误、把伪善欺骗抛在一边的人，便极尽愚弄嘲笑之能事。"

二十岁时，奥马尔北上来到了撒马尔罕。曾经被亚历山大大帝征服过的撒马尔罕当时也在突厥人统治之下，时局很不稳定。奥马尔在法学家塔希尔（Tahir，生卒年不详）的庇护之下进行写作和研究，完成了代数学的重要发现，包括三次方程的几何解法。这在当时是最深奥、最前沿的数学。两年后，奥马尔根据这些成就发表了著名的《还原与对消问题之论证》（*Treatise on Demonstration of Problems of Algebra and Almuqa-bala*，简称《代数学》）。

又过了几年，呼罗珊王国的国王马力克·沙二世（Malik-Shah II，生卒年不详）在伊斯法汗登基。奥马尔接受了邀请到伊斯法汗去建设天文台。此后的十八年里，奥马尔一直在那里工作。他带领多位天文学家完成了一系列卓越的工作。比如，根据他的计算，当时的一年有 365.242 198 581 56 天。这小数点后十一位数字今天看来有点可笑，因为它相当于精确到千万分之一秒，不过也显示了研究者努力追求精确的愿望和信心。今天我们知道，19 世纪末的年长是 365.242 196 天，现在的年长是 365.242 190 天。奥马尔的计算精度确实是相当惊人的。

第十四章｜写柔巴依的数学家　　175

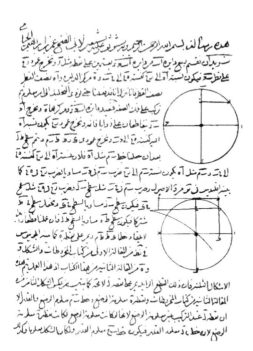

图 24：奥马尔《代数学》中的一页，现存伊朗德黑兰博物馆

　　奥马尔利用符号来代表未知数，采用代数语言进行工作。他把方程当中的未知数叫作 shay，意思就是"某个东西"。这个词传入西班牙，用西班牙语拼作 xay，从那以后，欧洲的数学家们就把未知数称为 xay，后来逐渐简化为 x。这就是今天我们把未知数叫作 x 的来历。

　　最早的代数是文体代数。文体代数是指没有方程式，所有问题和论证都靠文字来描述：我们今天写 $x+1 = 2$；可是早期的数学家只会写"某个数加上一等于二"。这种代数从古巴比伦时代一直延续到 12 世纪。奥马尔开创了简约代数，从他开始，数学论证的一部分使用符号来表示。而完全的符号代数，要等到笛卡尔（Rene Descartes，公元 1596—公元 1650）时代才完全成熟。值得玩味的是，尽管奥马尔发明了 x，阿拉伯世界却没有发展出完整的符号代数。

　　顺便提一句"代数（algebra）"这个中文词的来源。西方数学随着来华传教士进入中国，最初的翻译者都是外国人。由于 algebra 这个词很难翻译，最初只好采用音译，叫作"阿尔热巴拉"。这古怪的名词在中国数学界流传了将近二百年，直到一个名叫李善兰（公元 1811—公元 1882）的人出现。此人自幼酷爱数学，后潜心研读利玛窦（Matteo Ricci，公元 1552—公元 1610）和徐光启（公元 1562—公元 1633）早在二百多年前翻译的《几何原本》六卷，旁及其他算书，甚有所得。后来李善兰与英国传教士伟烈亚士（Alexander Wylie，公元 1815—公元 1887）合作，译出《几何原本》的后九卷，称为《续几何原本》。这项工程使他的数学功力大为长进。1859 年，李善兰同伟烈亚士再度合作，翻译英国数学家德·摩根（Augustus De Morgan，公元 1806—公元 1871）的新著 The Elements of Algebra。Elements 可以译为"原理"，那么 algebra 呢？李善兰没有随着欧洲人的传统引进外来语，而是把这个欧洲沿用了近千年的阿拉伯外来语意译为"代数"。他的创意源自一个显浅朴素的认识：algebra 的特征就是用符号"代"替"数"字。

话说与奥马尔三结义的哈桑·本·萨巴哈企图篡夺上级的权位，结果被赶出宫廷，逐出尼沙普尔。他落草为寇，因为学问深厚而被推举为山大王，他也是金庸《倚天屠龙记》里山中老人这个角色的原型。公元 1090 年左右，哈桑率领匪徒占领了伊朗北部厄尔布尔士山脉的阿拉穆特城堡，在里海南部无恶不作。哈桑这时既有名（虽然不是什么好名声）又有财，只是无法跟早年的同窗哥们儿共享。他在八十三岁时寿终正寝，而他的手下等到成吉思汗的蒙古骑兵到来之后才被消灭。

1092 年 11 月，马力克·沙去世，一个月以后，他的重臣尼扎姆在赶往巴格达的路上被哈桑的手下暗杀。马力克的第二个妻子当政，下令终止对天文台的支持。奥马尔失去了宫廷的赞助及支持，研究无法进行。他在柔巴依中写道："我自身便是地狱和天堂。"

不知什么是根由、哪里是源头，

就像是流水，无奈地流进宇宙；

第十四章 | 写柔巴依的数学家

> 不知哪里是尽头，也不再勾留，
> 我像是风儿，无奈地吹过沙丘。
> 于是，我朝着回旋的苍穹呼叫——
> 我问："命运用什么灯盏来引导
> 她那些暗中跌跌撞撞的孩子？"
> "用一种盲目的悟性！"苍天答道。

奥马尔把大部分精力放在数学、天文学和哲学之上。他在书中写道："印度人有他们自己的开平方、开立方的方法……我写过一本书，证明他们的方法是正确的，并加以推广，可以求平方的平方、平方的立方、立方的立方等高次方根，这些代数的证明仅仅以《几何原本》的代数部分为根据。"

奥马尔所提到的印度算法继承自两位数学界先驱的著作书：吉利（Kushyār ibn Labbān al-Jīlī，公元971—公元1029）所著的《印度计算原理》（*Principles of Hindu Reckoning*）和奈塞维（Alī ibn Ahmad al-Nasawī，约公元1010—约公元1075）的《印度计算必备》（*Things Sufficient to Understand Hindu Reckoning*）。然而这些书中所记述的开平方、开立方的方法很可能并非来自印度，而是来自中国。因此有人认为，伊斯兰数学可能是通过丝绸之路受到中国的影响，只是由于他们使用印度数字，便以讹传讹，以为是"印度算法"。

奥马尔最初发现三次方程，也是在处理几何问题的时候。他采用几何作图找到了方程正根，不过结果不是数值，而是一条线段。需要数值时，可以依靠三角数值表，采用内插的办法得到根的近似值。比如，方程 $x^3+4x-8=0$（当然，奥马尔当时的表述方式没有这么简练）可以通过一条抛物线和一个圆的交点的投影来得到。感兴趣的读者，可以看看附录三。

这在当时已经不算新鲜，然而值得注意的是，他明确指出，三次方

文史花絮 → 15

柔巴依（Ruba'i）是一种四行诗，短小而简洁。阿拉伯的书法极富特色，用来写柔巴依，变幻奇异，令人入迷。比如下面就是一首奥马尔的柔巴依。

程的解不可能靠圆规和直尺作图来得到。这个论断七百五十年后才被别人再次证实。

更值得注意的是，他接着对三次方程进行了分类。奥马尔发展了古希腊人的圆锥曲线交点的方法，比如阿基米德的方法——参见方程（6）和（7），找到了寻求三次方程正数根的普遍方法。不过他仍然没有考虑过负数根的问题。他所考虑的方程的各项系数都是正数，一共有十四种，每一种对应着一类几何问题，而且他都给出了答案：

$x^3 + bx = c$	（对应抛物线和圆相交的点）	(13a)
$x^3 + c = bx$	（对应抛物线和双曲线相交的点）	(13b)
$x^3 = ax^2 + c$	（对应抛物线和双曲线相交的点）	(13c)
$x^3 + ax^2 = c$	（对应抛物线和双曲线相交的点）	(13d)
$x^3 + c = ax^2$	（对应抛物线和双曲线相交的点）	(13e)
$x^3 = bx + c$	（对应抛物线和双曲线相交的点）	(13f)
$x^3 + ax^2 + bx = c$	（对应双曲线和圆相交的点）	(13g)
$x^3 + ax^2 + c = bx$	（对应两条双曲线相交的点）	(13h)
$x^3 + bx + c = ax^2$	（对应双曲线和圆相交的点）	(13i)
$x^3 = ax^2 + bx + c$	（对应两条双曲线的交点）	(13j)
$x^3 + ax^2 = bx + c$	（对应两条双曲线的交点）	(13k)
$x^3 + bx = ax^2 + c$	（对应双曲线和圆相交的点）	(13l)
$x^3 + c = ax^2 + bx$	（对应两条双曲线的交点）	(13m)

当然还有

$x^3 = c$	（对应抛物线和双曲线的交点）	(1c)

这里 a，b，c 都是正数。如果 x^3 前的系数不是 1，我们总可以把方

程两端同时除以那个系数，所以上面列出的方程概括了所有的具有实数系数的三次方程。有读者可能会问，为什么没有 $x^3+ax^2=bx$ 呢？这是因为如果把等式两端同时除以 x（奥马尔对为零的根不感兴趣），方程就简化成二次方程了。

奥马尔有一段著名的话，经常被后人引用：

"无论是谁，如果以为代数只是寻求未知数的雕虫小技，那就错了。尽管代数和几何从表面上看很不相同，但我们不应把注意力放在这上面。代数其实是几何事实的表述，这些表述已经在欧几里得《几何原本》第二卷中的定理五和定理六被证明了。"

后人认为，奥马尔是开创代数几何学的第一人。

从附录三中我们知道，奥马尔已经意识到，三次方程有不止一个解。这是重大的一步；但是他还没有意识到三次方程一般来说应该有三个解——这个发现还要再等二三百年。

11 世纪末至 12 世纪初，呼罗珊王国因为卷入大战而日渐衰落。1122 年，奥马尔·海亚姆在故乡抑郁而终。弥离之际，他请求："请葬我于一地，使北风将玫瑰散播于其上。"

几个世纪过去，奥马尔的贡献差不多被人们遗忘了。直到 1859 年，英国学者兼诗人爱德华·菲茨杰拉德（Edward Fitzgerald，公元 1809—公元 1883）用不署名的方式整理发表了《柔巴依集》。从此，奥马尔诗名大振，以至于很多人不知道他还是个科学家。

其实，对于这位一生致力于数学和天文学的学者来说，那些隽永的四行诗不过是在工作之暇的爱好而已。没想到身后竟会因诗而享誉全球，对此奥马尔在天之灵恐怕也会苦笑不已吧？

从地心深处直到土星之巅

我解决了宇宙间的一切疑难

如今已没有问题让我困惑

但面对死亡之结我依旧茫然

我们不过是魔影中的一幢

戏剧主管高高举起太阳

照亮的灯笼，午夜的灯光下

奇形怪状围绕它来来往往

奥马尔·海亚姆

你来试试看？本章趣味数学题：

证明方程（1c）对应的是抛物线和双曲线的交点。

第十五章　乱世之隐

13世纪初叶的中国大地上战乱频仍。金哀宗正大九年（公元1232年）正月，中原剧寒，大雪狂飞，数日不息。

钧州知事李冶（公元1192—公元1279）全身披挂伫立城头，虽然头盔和铠甲上早已盖了一层厚厚的冰雪，但他仍然一动不动。文武众人一面窃窃私语，一面时不时顺着他的目光朝西南方向望去，可是眼前除了白茫茫一片，什么也看不见。突然，李冶抬起右手，制止了左右的私语。凝息细听，伴随着寒风尖锐的呼啸，隐隐约约有一片低沉的声音从迷茫中飘来。

风雪越来越大，那声音也越来越响，最后竟如滚雷一般。狂舞的雪花背后，渐渐露出一支飞奔的人马，马蹄、呼号与刀剑的撞击声连成一片。领头的几员大将丢盔弃甲，浑身血迹，如丧家之犬。

李冶的脸色一下子变得苍白，低头长叹一声："完了。钧州完了，大金完了！"

正大七年，金国九公之一的恒山公武仙（？—公元1234）对蒙古大汗孛儿只斤·窝阔台（公元1186—公元1241）开战。当年秋天，窝阔台和他的弟弟孛儿只斤·拖雷（公元1193—公元1232）率大军进入陕西，第二年2月攻下金国的城市凤翔。拖雷打算借道南宋继续打击金朝，宋理宗赵昀（公元1205—公元1264）不允。拖雷强行攻宋，破饶凤关，重伤南宋军民，然后由金州向东，准备从西南方攻打金都汴京。金哀宗急令主力部队屯兵襄州、邓州以阻挡蒙军。九年正月初，金将完颜合达（？—公元1232）、移剌蒲阿（？—公元1232）率诸军入邓州，与完颜彝（公元1192—公元1232）、武仙等人会合，屯兵顺阳。可这时汴京已受到蒙军的攻击，城内只有四万军士和两万青壮年居民，根本无法跟蒙古大军抗衡。情况十分危急，只能指望完颜合达的援军来解围。

完颜合达听说汴京危急，率所部骑、步兵十五万人即刻北援。精明的拖雷只分兵三千人跟踪金兵，专门在金军食宿时挑战，使他们不得休息，金兵很快就疲惫不堪。金军行至钧州（今河南禹州）三峰山的时候，断粮已经三天了。拖雷和窝阔台的大军在这里会合，紧紧围住三峰山。这时天气突变，降下大雪，金军"僵冻无人色"。在饥寒交迫之下，顾不上关照兵器，铁枪结了厚厚的冰坨，变得比椽梁还要粗。而来自北方的蒙军对严寒早有准备，乘机分左右两路围住金军，轮番攻杀，然后故意让开通往钧州之路。金军仓皇逃命，半途被蒙军拦腰截断，军败如雪崩，一溃千里。

李冶下令打开城门，放完颜合达、完颜彝率金军残部进入钧州。蒙古追兵即刻赶到，一路砍杀溃退的金军。李冶挥泪下令封门，困在城外的败军鬼哭狼嚎，都死于刀剑之下。剽悍的蒙军将小小钧州团团围住，马上运土填壑，架梯攻城。不久城破，完颜合达战死，金兵多半投降。完颜彝不愿糊里糊涂地死于乱军中，自己单枪匹马冲进敌营，被蒙军杀死。移剌蒲阿被蒙军擒获，也因不肯投降而被杀。金军主力损失甚众，骁将几乎殆尽，兵不复振。

城破混战之中，李冶换上平民的服装出逃，北渡黄河进入山西，从此走上漫长的流亡之路。

汴京得不到援助，只得奋力抵抗。金哀宗在危难之际改元为天兴，希望能够时来运转。可是不久汴京大疫，五十日内从各城门运出死者达数十万人，还不包括贫不能葬者。金哀宗于12月逃离汴京，渡黄河，奔归德（今河南商丘），最后来到蔡州（今河南汝南）。天兴二年（1233年）8月，蒙古和宋兵联合攻破唐州（今河南唐河）。金哀宗想跟宋联合，派使者对宋人说："蒙古灭国四十，以及西夏。夏亡及我，我亡必及宋。唇亡齿寒，自然之理。"这话说得非常有道理，但宋金两国历年的积怨太深了。天兴三年正月己酉（1234年2月9日），宋蒙联军攻破

第十五章 | 乱世之隐

蔡州，金哀宗把皇位传给统帅完颜承麟，自己在幽兰轩上吊自尽。完颜承麟闻知金哀宗的死讯，"率群臣入哭，谥曰哀宗"。哭奠未毕，城溃，完颜承麟死于乱军之中，于是金亡。那一年，李冶四十岁。

李冶定居在崞县（今山西宁武、原平）的桐川，"饥寒不能自存"。他一面为生存而努力劳作，一面利用所有空余时间从事学术研究，开始了将近五十年的隐居和学术生涯。他的茅草屋里四面墙边堆的都是书，拥挤不堪，凡是能弄到手的书，他都要研读。他的研究涉猎文学、历史、天文、哲学和医学，不过最让他倾心竭力的还是数学。

1248 年，李冶写成了代数名著《测圆海镜》十二卷。

《测圆海镜》的中心是处理一系列"勾股容圆"的几何问题。所谓"勾股容圆"就是把圆放入一个直角三角形内，使三角形的三条边与其相切。书中系统地处理了一百七十个问题，讨论了在各种条件下寻求圆的直径的问题。在卷一里，李冶首先阐明了勾股边长之间的关系以及它们和圆的关系，一共六百多条，每条可以看成一个定理（或公式）。这些问题接近于古希腊人的几何学问题，但是李冶采用了一种划时代的方法，这就是著名的天元术。

天元术在李冶之前已经存在，但理论上不成体系。李冶曾在东平（今山东东平）得到一本讲述天元术的算书，其中"以十九字识其上下层，曰仙、明、霄、汉、垒、层、高、上、天、人、地、下、低、减、落、逝、泉、暗、鬼"，这十九个字代表了同一个数的不同幂次，以"人"字表示常数（相当于 x^0），"人"以上九字表示未知数的正数次幂（"天"代表 x^1、"上"代表 x^2 等，到"仙"是 x^9），"人"以下九字表示未知数的负数次幂（"地"为 x^{-1}、"下"为 x^{-2} 等，到"鬼"为 x^{-9}），说明当时还不懂得用统一的符号来表示未知数的不同次幂。《测圆海镜》标志着天元理论的成熟，因而使中国代数学在当时世界数学研究上占有显赫席位。

简单地说，天元术是用中国式的数学符号列方程的方法。"立天元

"一为某某"（将某某设立为一个天元）的意思就是我们今天所说的"设某某为 x"。李冶在解决《测圆海镜》中的问题时，采用一种统一的方法，先选择天元（未知数），再利用卷一中总结的定理和公式寻找等值关系，建立方程，然后化简方程，把它们变成一元多次的形式。全书涉及十九个三次方程，十三个四次方程，还有一个六次方程。在这里，未知数已经具有纯数学意义，而不再代表几何学中的长度、面积、体积等含义。

李冶创造了一套完整的多项式表达法。每个多项式写在一个方框里，各项按照"天元"的幂次，从上到下排列，天元一次幂那一项用"元"字标出，其上方各项相当于二次幂、三次幂等，一目了然。同一个方框内的各项相加，如果遇到相减，就在被减那一项的系数的最小有效值处斜画一杠，如图 25 所示。由此我们看到，李冶已经相当自如地引入负数了。他用圆圈来表示零，零的数位概念在他的著作中也已相当明确。至于"相等"的关系则

数海拾贝⓰

贾宪三角形是有记载的世界最早的高阶二项式 $(a+b)^n$ 展开后的系数的写法。注意它不是几何中的三角形，而是一个状似三角形的数表。南宋人杨辉（公元 1238—公元 1298）在《详解九章算法》里描述了这种数表，并明确指出，这种数表来自 11 世纪前半叶贾宪所著的《释锁算术》。14 世纪初叶的元代数学家朱世杰在《四元玉鉴》里面明确画出七阶二项式展开的系数数表：

```
0 阶:                1
1 阶:              1   1
2 阶:            1   2   1
3 阶:          1   3   3   1
4 阶:        1   4   6   4   1
5 阶:      1   5  10  10   5   1
6 阶:    1   6  15  20  15   6   1
7 阶:  1   7  21  35  35  21   7   1
```

根据这个表格可以很方便地列出二项式的展开。比如，

$(a+b)^5 = 1a^5 + 5a^4b + 10a^3b^2 + 10a^2b^3 + 5ab^4 + 1b^5$.

我们前边已经看到代数与几何的同源关系：1 到 3 阶的二项式展开可以用下面的几何图形来表示。

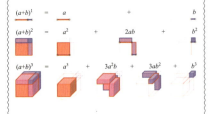

第十五章 | 乱世之隐

仍然靠文字叙述——他还没有想到使用等号。

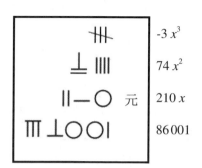

图 25：李冶发明的高阶多项式表示方法。方框右侧标出的是每一行相应的现代代数表达方式。合起来，这个多项式就是 $-3x^3+74x^2+210x+86001$。计算时，这个表达方式用于表达方程 $-3x^3+74x^2+210x+86001=0$。等号右边不必写出来（实际上他没有等号的符号）。他把所有的一元三次方程都写成 $ax^3+bx^2+cx+d=0$ 的形式，所有的系数可正可负。这里我们看到，他已经比奥马尔·海亚姆又前进了一大步，从此，所有的一元三次方程只需要一个表达方式就可以了

高次方程数值求解的技术在李冶的时代已经相当成熟。这是因为早于李冶二百年，北宋人贾宪（生卒年不详）发现了二项式高幂次展开的规律，现在称为"贾宪三角形"，并总结出了著名的增乘开方术。利用这个方法，对任何阶次的方程都可以求出数值解。可惜，李冶没有把方程的系数也符号化，进一步找到高次方程的普遍解。

1257 年，拖雷的第四子忽必烈（公元 1215—公元 1294）负责总领漠南汉地事务，专请李冶询问国事。这时李冶已回到了离老家不远的河北元氏封龙山，在那里建立封龙书院，著书讲学。李冶来到开平，觐见忽必烈，对他说了一番推心置腹的肺腑之言，这段话翻译过来是这样的："治理天下，说难可以难于上青天，说容易也可以易如反掌。有法，执法又有度，天下可治；不追求空名头而追责实效，天下可治；使用君子，远离小人，天下可治。这么说来，治理天下不是易如反掌么？没有法没有度，天下必乱；只有名而没有实，天下必乱；接近小人，远离君子，天下必乱。这么看来，治理天下不是难于上青天么？治理天下的方法，无非是立法度，正纲纪。有了纲纪上下才有正常的关系；有了法度，才能使赏罚明确，有惩有劝。可是今天的大小官员以至平民百姓，

全都放纵享乐，以私害公，这就是无法无度。所以有功的人得不到奖赏，该被罚的人又不一定受罚，甚至有功者反而受到侮辱，有罪的人却得到宠信，这就是无法无度。现在法度已经废弃，纲纪也崩坏了，而天下还不乱，那已经是太幸运了。"

李冶这番话，是基于金国灭亡的血的教训，忽必烈听了，唯有连连点头称是。

1260 年，忽必烈即皇帝位，请李冶担任翰林学士知制诰同修国史，李冶以老病为辞，婉言谢绝。他对朋友说："世道相违，则君子隐而不仕。"意思就是说，遭逢乱世，君子就应当隐居而不入仕为官。又过几年，忽必烈降服了阿里不哥，平定了蒙古内战，再次招李冶为翰林学士知制诰同修国史。1265 年，李冶来到燕京，勉强就职，参加修史工作。很快，他就感到翰林院不自由，处处都要秉承当官的旨意而不能畅所欲言，于是以老病为由辞职。

辞职以后，李冶回到封龙山著书讲学。他谆谆告诫学生："学有三：积之多不若取之之精，取之之精不若得之之深。"公元 1279 年李冶临终之际，把儿子叫到身边，对他说："我一生写了很多著作，我死了以后，其他的书都可以烧掉，唯独这本《测圆海镜》，你一定要好好保存。这部书凝结了我的大半生心血，后世一定会把它的成果发扬光大的。"

李冶身后不到一百年，朱世杰（公元 1249—公元 1314）在《四元玉鉴》用"天元、地元、人元和物元"分别代表四个未知数，同时对四元高次方程进行求解。李、朱二卿（李冶字仁卿，世杰字汉卿）创造了中国数学史上一个辉煌的时期。

可惜这些划时代的工作后来在中华大地被忽视长达数百年。待到欧洲数学进入清朝宫廷，中国人才意识到自己已经大大落后了。有趣的是，康熙（公元 1654—公元 1722）看了西方代数学的介绍后，断言"算法之理，皆出于《易经》，即西洋算法亦善，原系中国算法，彼称为'阿尔朱巴尔'（也就是阿尔热巴拉）者，传自东方之谓也"。梅瑴成

（公元 1681—公元 1764）则以《测圆海镜》和自己遵旨编纂的《数理精蕴》当中的例子，来比较"天元术"与西方代数，证明它们"名异而实同"，只不过中土"不知何故遂失其传，犹幸远人慕化，复得故物"。其实那时候，中国的数学早就大大落后于西方了。

数本难穷，吾欲以力强穷之，彼其数不唯不能得其凡，而吾之力且惫矣。然则数果不可以穷耶？既已名之数矣，则又何为而不可穷也！故谓数为难穷，斯可；谓数为不可穷，斯不可。何则，彼其冥冥之中，固有昭昭者存。夫昭昭者，其自然之数也？非自然之数，其自然之理也。数一出于自然，我欲以力强穷之，使隶首复生，亦未如之何也已。苟能推自然之理，以明自然之数，则虽远而乾端坤倪，幽而神情鬼状，未有不合者矣。

李冶《测圆海镜》序

　　文章有不当为者五，苟作一也，徇物二也，欺心三也，蛊俗四也，不可以示子孙五也。

　　（译：有五种文章不该做：一、随便敷衍之作；二、追寻物质报酬之作；三、违心之作；四、蛊惑庸俗之作；五、不能示以后代之作。）

李冶《敬斋古今注附录》

你来试试看？本章趣味数学题：

1. 你能把王孝通的 $3x^3+51x^2+215x=5033$ 用天元术的方法（图25）来表达吗？

2. 如何把奥马尔·海亚姆的方程 $x^3+4x-8=0$ 用天元术方法表达出来？

第十六章　谜一般的流星

李冶在钧州率领金国将士血战蒙古骑兵的时候，一个二十四岁的年轻人正在南宋的临安过着逍遥自在的日子。他刚刚考上了进士，踌躇满志地筹划自己的仕途，并特意为自己取了一个号，叫作道古（效法古人行事的意思）。这个无比聪明的年轻人在当时人们的眼里，前途确实无可限量。但后来的事实证明，他的仕途并不顺利，而且留下很糟糕的名声。

道古出生在四川，父亲曾在巴州为官。后父亲因战乱带领全家迁至首都临安（今天的杭州）。几年工夫，父亲擢升工部郎中、秘书少监兼国史院编修官、实录院检讨官。由于父亲是掌管各项工程、屯田、水利、交通的工部郎中，又任国史院官职，掌管各类经籍图书，使道古得以接触学习各类知识。他的生性一定非同寻常的聪颖，因为很快他就对当时的种种学问，如星象、音乐、算术以及建筑学等无一不通。更重要的是，他还曾经向当时的隐士求教，学习数学。

他十八岁就当上了住地的义兵首，后到郪县（今天的四川绵阳附近）做县尉。有了进士身份以后，他更是仕途大展。几年内，他从湖北蕲州（今湖北蕲春县）通判擢升为和州（今安徽和县）知州，又赴建康府（今江苏南京）为官。眼见一切顺利，可就在这时，他的母亲去世了。按照规矩，凡是丧父丧母的官员必须解职守孝三至五年，这叫作丁忧。道古急赴临安吊丧，然后转回湖州老家。

13世纪上半叶，南宋小朝廷是在喜忧参半的心情下度过的。蒙古的崛起给南宋带来了极大的威胁，而金国又不断地骚扰，两国征战不绝。公元1234年，为了一雪北宋灭亡的靖康之耻，南宋朝廷派使者前往蒙古，双方结成联盟，共同对付金国。作为宋军援战的报酬，蒙古承诺灭金后把黄河以南的中原地带归还南宋。不久，蒙宋联军攻入金国首都汴梁，金哀宗完颜守绪（公元1198—公元1234）自缢身亡。指挥南宋盟军的大将孟珙（公元1195—公元1246）把金哀宗的尸骨带回临安，举国一片欢腾，人们竞相庆贺，一百年的耻辱终于以金国的灭亡而告终。可是金被灭以后，南宋的西部和北部直接暴露在蒙古的威胁面前。窝阔台可汗灭金后，立即撕毁了将黄河以南归还南宋的协议，强迫改为陈州、蔡州以北属蒙古，以南属南宋。这使南宋失去了黄河与长江之间的大片肥沃土地，也失去了黄河的屏障。南宋政府无力反抗，只能忍辱接受。从此，南宋的忧患越来越严重，蒙古骚扰不断，国无宁日。

按当时的规矩，丧母的道古不能从政，在湖州过了四五年平静的日子。我们不知道他都做了些什么，因为史书上没有记载。但是在宋理宗淳祐七年（公元1247年）的秋天，他突然刊出一本书来，名叫《数学大略》。书的前面有《序》一篇，对自己著书的经历有这样的描述："时际兵难，历岁遥塞，不自意全。于矢石之间，更险离忧，荏苒十祀。"大意是说，在兵荒马乱的年代，交通不便，所以无法写得详细全面。这本书是在石礮箭雨当中写成的，期间充满了忧愁和艰险，又经过十年的修改才完成。这一年，道古三十九岁。也就是说，他是从二十九岁起就开始写这本书了。

这本书就是后来的《数书九章》，它在世界数学史上占有非常重要的位置。道古，大名秦九韶（公元1208—公元1261），也因此被称为中国历史上最伟大的数学家。

在这本书里，秦九韶有三项最重要的数学贡献。第一个贡献是所谓的秦九韶公式。《数书九章》第五卷有"三斜求积"一题。其中"三斜"为"大斜""中斜""小斜"，是三角形从大到小的三条边（图26）。秦九韶列出的任意三角形面积 S 的公式，用现在的代数语言表达是：

$$S = \frac{1}{2}\sqrt{a^2b^2 - \left(\frac{a^2+b^2-c^2}{2}\right)^2}$$

第十六章 谜一般的流星

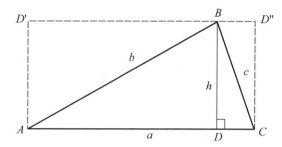

图 26：任意三角形 ABC，a 是大斜，b 是中斜，c 是小斜，也就是 $a>b>c$

这个公式的基本出发点是出入相补（又称以盈补虚）原理，它是中国数学中用于推证几何图形的面积或体积的基本原理。其内容如下：

1. 一个几何图形，可以切割成任意多块任何形状的小图形，总面积或体积维持不变——所有小图形面积或体积之和。
2. 一个几何图形，可以任意旋转、倒置、移动、复制，面积或体积不变。
3. 多个几何图形，可以任意拼合，总面积或总体积不变。
4. 几何图形与其复制图形拼合，总面积或总体积加倍。

出入相补原理是三国时代的数学家刘徽创建的。他说："勾股各自乘，并而开方之，即弦。"这就是直角三角形的勾股定理。然后他又说："勾自乘为朱方，股自乘为青方，另出入相补，各从其类，因就其余不移动也，合成弦方之幂，开方除之，即弦也。"

从图 26，刘徽从 B 点作线段 AC 的垂线，交 AC 于点 D，得到两个直角三角形 ADB 和 BDC，它们的高相同，都是 $BD=h$。现在复制三角形 ABD，把它旋转 180 度，使得复制后的三角形和 ABD 的斜边重合，也就是图 26 中的三角形 ABD'。由于这两个三角形都是直角三角形，它们的和是一个矩形 $ADBD'$。同样复制直角三角形 BDC，得到三角形 $BD''C$，和矩形 $DCD''B$。两个矩形的总和 $ACD''D'$，其面积从古巴比伦和古埃及时代就知道了，是 $a \times h$；所以，三角形 ABC 的面积是 $\frac{1}{2} a \times h$。把复杂的几何形状转换为简单形状，然后求解，这其实跟海亚姆的"填充方块法"的思路是很类似的。秦九韶从这里导出用边长来表达的面积公式，具体做法，我们留给读者吧。

在欧洲，这个公式在希腊化时期就被亚历山大里亚的希罗（Hero of Alexandria，约公元10—公元70）明确地证明了，只不过表达方式不同。比希罗早两个世纪的阿基米德很可能就已经得到了这个结果。在中国，是秦九韶发现了这个公式。这是一个很重要的公式，因为任何一个 n（$n>3$）边多边形都可以切割成 $n-2$ 个三角形。有了这个公式，可以很容易地计算出任何 n 边多边形的面积。

秦九韶的第二个贡献是求解一元高次方程的数值解。秦九韶找到了一个通用解法，可以用于任何阶次的一元方程。在"遥测圆城"的题目下面，他利用筹算，求得一个一元十次方程的正数解。这个问题也同战争有关：在无法接近敌人城池的情况下，如何根据测量来计算城池的大小？假定城墙是圆环状的，秦九韶得到这样一个方程：

$$x^{10}+15x^8+72x^6-864x^4-11664x^2-34992 = 0$$

其中 x^2 是需要求得的城池的直径。秦九韶没有做 $x^2=y$ 之类的变量代换，而是直接摆开算筹来求这个方程的数值解，因为他有一套系统的求解方法。利用他的方法，可以很快求得 $x=3$，因此圆城的直径是九里。他的方法已经跟现在应用数学中的计算程序非常接近，只不过是需要人来移动摆放算筹罢了。这个方法现在被称为秦九韶算法。

秦九韶的方法让后世的数学史专家们惊诧不已，因为它采用了五六百年以后才为人们所认识的数学原理和算法。跟他的前辈——中国和古埃及数学家一样，他拿起就用，不加证明。他对这些知识的熟悉程度是不言自明的。

第十六章 | 谜一般的流星

首先是多项式余式定理：把任意一个 $n>1$ 的多项式 $P_n(x)=a_nx^n+a_{n-1}x^{n-1}+\cdots+a_1x+a_0$。除以 $(x-x_0)$，所得的余数等于该多项式在 $x=x_0$ 时的值 $P_n(x_0)$。其次是综合除法的算法，也就是如何对任意多项式做除以 $(x-x_0)$ 的实际操作。

为了简单起见，我们只看三次多项式 $P_3(x)=ax^3+bx^2+cx+d$。我们想把这个多项式除以 $(x-g)$，应该怎么做呢？见下面图 27：

$$
\begin{array}{c|cccc}
 & x^3 & x^2 & x^1 & x^0 & \text{1 行} \\
 & a & b & c & d & \text{2 行} \\
g & & ag & g(b+ag) & g\{c+[g(b+ag)]\} & \text{3 行} \\
\hline
 & a & b+ag & c+[g(b+ag)] & d+g\{c+[g(b+ag)]\} & \text{4 行}
\end{array}
$$

（1 列　2 列　3 列　4 列）

图 27：将三次多项式 $P_3(x)=ax^3+bx^2+cx+d$ 除以 $(x-g)$ 的具体做法。这个方法叫作综合除法

先在第一行列出 x 的各个幂位（x^3，x^2，x；注意 x^0 对应常数项）。在该行的左面画一条竖杠，把 $(x-g)$ 中的数字 g 写在竖杠的左面，准备用它来做计算。把多项式 x 各个幂位的系数写在相应幂位的下方，作为第二行。留出一个空行（第三行），在第三行的下面画一条横杠。用 g 乘以第二行的第一个系数，也就是 x^3 的系数 a，得到 ag，把它写在第三行对应 x^2 那一列的位置。对该列第二行、第三行的数字（b 和 ag）做加法，把结果（$b+ag$）写在第四行该列的位置。下一步把这个结果（$b+ag$）乘上 g，写到第三行第三列（对应 x^1 那一列），对该列第二行、第三行两数做加法，得到 $c+[g(b+ag)]$，把它写在第三列第四行的位置上。对第四列重复以上步骤，最终得到图 27 的结果。

为什么要这么做？请读者自己验证下面的等式：

$$P_3(x)=(x-g)\{ax^2+(b+ag)x+c+[g(b+ag)]\}+d+g\{c+[g(b+ag)]\} \quad (14)$$

这个等式说明，通过图27的步骤，我们已经把 $P_3(x)$ 变成 $(x-g)$ 和一个二次多项式 $P_2(x)=ax^2+(b+ag)x+c+[g(b+ag)]$ 的积再加上余式（或余数）$d+g\{c+[g(b+ag)]\}$。事实上，对第四行左面的三项所给出的二次多项式 $\{ax^2+(b+ag)x+c+[g(b+ag)]\}$，还可以再除以 $(x-g)$。得到的单次项还可以再除以 $(x-g)$。这样，最终可以把（14）变成另一种表达方式：

$$P_3(x)=a'y^3+b'y^2+c'y+d' \quad (14a)$$

这里，$y=x-g$，带撇的系数是相应变化后的系数。

现在使用余式定理。根据这个定理，在 $x=g$ 时，$P_3(g)=d+g\{c+[g(b+ag)]\}$。所以，如果找到 g，使 $d+g\{c+[g(b+ag)]\}=0$，我们就找到了方程 $ax^3+bx^2+cx+d=0$ 的一个解。这样，我们对求解高阶方程有了一个出发点：把 n 阶方程看作 n 阶多项式，猜测一个近似解 $x=g$，将 n 阶多项式化简为 $(x-g)$ 乘以一个 $n-1$ 阶多项式，使余数接近于零。如果第一个猜测解的余数大于零，试另外一个猜测解，直到找到一个猜测解，其余数小于零。有了最接近于零的两个猜测解，一个余数大于零，另一个余数小于零，方程的根就在这两个猜测解之间。

举个例子。考虑如下方程：

$$x^3+2x^2+6x-13258=0 \quad (15)$$

常数项是13258，我们需要猜测一个近似解，使其三次方接近这个数。粗略的猜测是一个介于20和30之间的数，因为，$20^3=8000$，小于

13258，$30^3=27000$，大于13258。把这两个猜测解代到方程（15）里，我们发现当 $x=20$ 时，$x^3+2x^2+6x-13258<0$，当 $x=30$ 时，$x^3+2x^2+6x-13258>0$。于是我们肯定真正的解在这两个值之间。现在我们按照图27的步骤把上面的方程除以 $(x-20)=y$（图28a）：

注意图28a中，我们对 $x^3+2x^2+6x-13258$ 以 $y=x-20$ 连续做了三次除法，第一次除法跟图27完全一样，得到的最后一行黑色数字的前三项对应的是一个二项多项式 $x^2+42x+1286$，余数为 -4338。红色的数字是把这个二项式除以 $y=x-20$，得到的是单项式 $x+42$，余数为1286。蓝色的数字是把 $x+42$ 再除以 y，得到余数62。这是什么意思呢？读者不妨自己验证一下，我们通过以上步骤，把原来的多项式 $x^3+2x^2+6x-13258$ 变成了 $y^3+62y^2+1286y-4338$，这里 $y=x-20$。

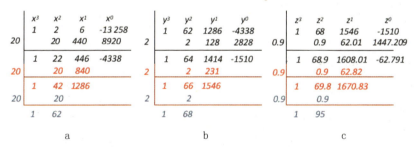

图28：对多项式 $x^3+2x^2+6x-13258$ 做综合除法来求根的具体步骤。从列式的方式我们可以看到，它跟算筹的布列非常相近，只不过是把算筹换成了阿拉伯数字。秦九韶当然是利用算筹来解一元高次方程的。秦九韶也和李冶一样，用圆圈来表示零

我们已经知道 x 的根在20和30之间，所以现在要求的 y 的根一定是一个个位数。试一下 $y=5$，发现余数是个很大的正数8105。再试 $y=4$ 和3，余数都是正数。图28b是 $y=2$ 的多项式除法，余数从 $y=3$ 的正数变成负数。这样，我们得到（15）的近似到个位的解 $x=22$。

当然还可以继续做下去。图28c是在做了另一个变换 $z=y-2$ 以后，选择 $z=0.9$ 的多项式除法。现在余数已经是很小的负数了。如果觉得 $x=22.9$ 还不够精确，那就继续做下去。请读者验证，下一个数位的数值

是 0.03。

这个方法也很像计算机的程序，可以一直运算下去，直到达到满意的精度为止。更重要的是，它对方程的阶次没有限制。秦九韶解过一元 10 次方程，而实际上任何阶次的方程它都能解。唯一的缺点是它给不出普遍的公式，只能提供数值解。他还给这个方法取了个漂亮的名字，叫玲珑开方术。

在欧洲，这个绝妙的计算方法要到五百多年后的 19 世纪上半叶才由英国数学家威廉·乔治·霍纳（William George Horner，公元 1786—公元 1837）提出来。数学家奥古斯都·德·摩根（Augustus De Morgan，公元 1806—公元 1871）曾经对霍纳的方法赞叹不已，说它"必使其发明人因发现此算法而置身于重要发明家之列"。但是不久，英国传教士伟烈亚力（Alexander Wylie，公元 1815—公元 1887）就对霍纳的发明权提出了质疑。他在公元 1852 年所著的《中国数学科学札记》中，详细介绍了秦九韶的玲珑开方术之后写道："读者不难认出这就是霍纳在 1819 年发表的《求解所有次方程》论文中的结果……我以为应该对霍纳的发明权提出辩驳。欧洲的朋友们可能会觉得意外，一位来自天朝帝国的竞争者有更大的机会确立他的优先权。"

秦九韶的第三大贡献是对《孙子算经》里"有物不知其数"的余数问题做出了全面系统的回答，找到了解决同余式组的一般方法，他称之

> **数海拾贝 ⑰**
>
> 如果两个整数除以同一个正整数得到相同的余数，那么这两个整数就成为同余。这是数论里面一个重要的等价关系。最早的同余问题出现在《孙子算经》里：
>
> 有物不知其数，三三数之剩二，五五数之剩三，七七数之剩二。问物几何？答曰：二十三。
>
> 这是一个一次同余式组：
>
> $$\frac{x}{3} = n_1 + 2$$
>
> $$\frac{x}{5} = n_2 + 3$$
>
> $$\frac{x}{7} = n_3 + 2$$
>
> 其中 n_1、n_2、n_3 是正整数。
>
> 《孙子算经》成书的时间目前还不大清楚。估计是在魏晋或南北朝期间（4 世纪—6 世纪）。

为"大衍求一法"。这个方法现在成为中国余数定理。这个问题超出了我们的故事范围，只要引用下面这个评价，就可以知道它对后来数论的影响有多大了：

"秦的工作是如此的精妙，我们很想知道他是如何得到这样的成就的……他不可能是从印度人那里学到处理这类问题的方法的，因为他的方法和印度人的差异很大。结论是，我们必须承认，秦是从古至今所有数学家当中的一位伟人……秦自称是在杭州皇家机构学习天文时从计算历书的专家们那里学来的。不过他又说，那些专家只知道按照规则计算，却不知道为什么。这是可信的，天文历书的计算确实需要一些同余的基本理论。秦把当时的理论向前推进了巨大的一步，并且表现出难得的谦虚——这种谦虚在他生活的其他方面是相当缺乏的。他的工作到底有多精彩？只要提到下面几个事实就够了：欧拉（Leonhard Euler，公元1707—公元1783）未能为这个理论提供令人满意的证明；秦的方法需要等到高斯（Carl Friedrich Gauss，公元1777—公元1855）等人出现后才被重新发现。"（参见苏格兰圣安德鲁大学"数学小家教"网站：http://www-history.mcs.st-andrews.ac.uk/Biographies/Qin_Jiushao.html）

秦九韶的《数书九章》和李冶的《测圆海镜》几乎是同时出版的。那时李冶已年近花甲，而秦九韶正值而立之年，应该说前途远大。非常遗憾的是，才华横溢的秦九韶从那以后再也没有任何建树。《宋史》当中没有关于他的记载，我们只能在宋人笔记和一些地区文献中发现他的踪影。跟他同时代的诗人刘克庄（公元1187—公元1269）说他"暴如虎狼，毒如蛇蝎"。比他小二十几岁的周密在《癸辛杂识》里对他除了"性极机巧，星象、音律、算术，以至营造等事，无不精究""骈俪、诗词、游戏、球马、弓箭，莫不能知"，没有好话。根据周密的描述，秦九韶似乎是一个性格暴烈、为所欲为、报复心理极强的人。他绝不是那种温文柔弱，低声细语的学者。所以上面的评论说谦虚在他生活的其他方面是非常缺乏的。

根据周密的记载，我们还知道，秦九韶浸淫在腐败的南宋官场而不能自拔，把精力都放在讨好重臣如贾似道、吴潜等人之上。贾似道是当时公认的奸臣，宋人和元人都认为贾似道对南宋的灭亡负有不可推诿的责任。吴潜在任期间，同贾似道政见不合，二人经常在皇帝面前互说坏话，每个人周围都有自己的支持者。而秦九韶则在两面游移摇摆，见风使舵，让当时的士人很瞧不起。更不堪的是他贪财，捞起钱来不择手段。从二十几岁当官开始，他的名声就很坏。贾似道给了他一个琼州的官职，上任才几个月，他就捞得盆满钵满，归来时"所携甚富"。对于他不喜欢的人，他可以动用毒药，欲置之于死地。如此等等，罄竹难书。但是周密在这些颇为详细的记载之后又加了一句"陈圣观云"（听陈圣观说的），可见周密所记述的事情也可能只是道听途说。

清朝同治年间，湖州藏书家陆心源（公元 1834—公元 1894）负责编修《湖州府志》，根据刘克庄和周密的记载，决定不把秦九韶录在"湖州寓贤"之内。这非常可惜，由于陆心源的一己之见，关于秦九韶生平的宝贵资料就永远遗失了。今天有人试图为秦九韶洗清污名，但信实可靠的资料非常少。

同治八年上元，宗湘文源翰（注：宗源翰，字湘文，文学家）权知湖州，邀余及汪谢城（注：汪日桢，号谢城，清代天文学家）、广文丁宝书处士同修《湖州府志》，以三年之久。谢城仅认"蚕桑"一门，馀皆余与宝书任之。及《府志》成，郡人议修县志，谢城籍录乌程，随以《乌程志》属之。其各传皆取材于《府志》，而于"宋寓贤"增《秦九韶传》。考九韶之为人，有不孝、不义、不仁、不廉之目。先有议幕之除，首遭驳论，又除农丞，措置平江米饷，后省再驳，其命遂寝。后村谓其人暴如虎狼，毒如蛇蝎，非复人类……周密与九韶同寓湖州，或有乡里私怨，后村（注：后村是刘克庄的字）气节文章名重当世，且见之奏驳，必非无影响者。故余修《府志》，于《寓贤》不为立传，而谢城矜为独得，不免变乱是非矣。

　　　　　　　　　　　　　　陆心源《同治乌程县志跋二》

你来试试看？本章趣味数学题：

1. 利用勾股定理来证明任意三角形面积的秦九韶公式。

2. 验证多项式 $x^3+2x^2+6x-13258$ 和 $y^3 + 62y^2 + 1286y-4338$ 是等价的，这里 $y=x-20$。

3. 根据图 28 的步骤，求方程（15）解的第二位小数。

第十七章　来自北非的比萨人

13 世纪来临的那一年，列奥纳多（Leonardo Bonacci，约公元 1170—约公元 1250，后人称他为"比萨的列奥纳多"）从地中海东南部回到了欧洲的老家比萨。

列奥纳多的父亲一直为北非柏柏尔人建立的阿尔莫哈德伊朝管理比萨商站。九岁的时候，列奥纳多失去了母亲，从那时起他便随着父亲在阿拉伯世界闯荡。他遇到过许许多多皮肤黝黑的商人，这些人都用一种奇怪的方式记账，又快又准。比如，遇到乘法问题，商人们先在一片纸上草草画出一系列方格子，在格子里填上简单而怪模怪样的符号，1、2、3……他们把这些小怪物叫作印度数字。他们一边念念有词，一边在格子里又写又画，即刻就得到答案。见小列奥纳多看得津津有味，父亲忽有所悟。不久，父亲把列奥纳多送进了阿拉伯人开的算术学堂，到那里学习阿拉伯算法和印度数字。父亲本来打算让儿子学习几天，会了算数就离开，没想到小男孩被数学迷住了。后来，列奥纳多辗转埃及、叙利亚、希腊、西西里各地，学习当地的数学方法。他读到花拉子密的著作以后，决定专心研究印度和阿拉伯数学，因为那是最好的计算方法。

回到比萨两年，三十二岁的列奥纳多以"斐波那契"（Fibonacci）这个名字发表了著名的《计算之书》。"斐波那契"的意思是"波那契的儿子"（figlio di Bonacci）。在这本书里，列奥纳多介绍了从 0 到 9 这十个阿拉伯数字，引进了 10 进位制的概念，并令人信服地论证了它的优越性。他介绍了如何利用这个系统进行运算，尤其是它在算账、换算重量和尺度、计算利息、货币交换上的应用。在这一点上，列奥纳多有点像古代的中国数学家，重视实用，这大概和他经商的背景有关。比萨的列奥纳多被认为是中世纪欧洲最有才华的数学家。他对欧洲数学的影响和贡献,可以媲美但丁之于诗歌、米开朗琪罗之于绘画。

顺便提一下对应于 0 的英文字 zero 的来历。在古印度,对应于 0 的梵文是 sunya,传到阿拉伯世界后,音变为 sifr(本意是空无一物)。列奥纳多从阿拉伯人那里学到这个词,在用拉丁文写作时,引进一个新词 zephyrum。这个字先在意大利文里变成了 zefiro,然后在威尼斯口语里变成了 zero。英文是直接从意大利文借过去的。

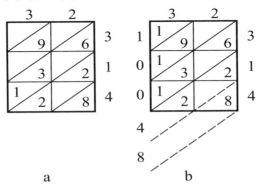

图 29:格子乘算法示意图

列奥纳多十分熟悉格子乘算法的原理。这也是花拉子密在他的《算法学》中研究过的。做乘法时,把乘数横写在格子的顶上,被乘数竖写在格子的右端,乘数与被乘数中的每一位数字逐次相乘,乘积放在与这两个数相对应的格子里,然后按照规则相加,就得到结果。比如,我们想知道 3.2 和 3.14 的乘积,先画出一个宽二高三的格子,每个格子用对角线隔出左上右下两个三角形地带。计算前,把 3.2 的两个阿拉伯数字 3 和 2 写在网格的上端,每个数字对应下面一列格子,再把 3.14 的三个数字写在网格的右边,每个数字对应左边一行格子,如图 29a 所示。

运算从网格的右上角开始,暂时不考虑小数点。先以 3.2 的 2 乘以 3.14 的 3,把结果 6 写入对应这两个数字的格子的下三角里。再以 3.2 的 3 乘以 3.14 的 3,得到 9,把它写入对应的格子的下三角内,等等,依此类推。注意当所乘之积是两位数的时候（比如左下角的格子里 3×4=12），十位的数字要写入该格子中的上三角里面，见图 29a。

下一步，把所得的数字按照对角线所给出的方向逐行相加，加的时候从最低的斜行，也就是右下角开始，如图 29b 所示。最低的斜行所加结果是 8，写在这个斜行的最左端。第二行 2+2 结果为 4，第三行 6+3+1 是 10，这是个两位数，我们把它的个位数（0）写在该斜行的右下角，把十位数（1）

图 30：《计算之书》初版当中的一页，现存于佛罗伦萨国家图书馆。右边长方形方框里面的数字就是斐波那契数列的前几个数字

填入左上角，进入高一层的斜行（第四行）。这样，第四行的数字相加（9+1）又是个两位数（10），我们依法炮制，于是便在格子左边得到一列数字：10048。考虑到乘数和被乘数小数点后面一共有三位数，于是乘积的小数点后面应该有三位，所以结果是 10.048。

当时欧洲在运算上仍然采用罗马数字，极不方便。罗马字母表示数目，$I=1$，$V=5$，$X=10$，$L=50$，$C=100$，$D=500$，$M=1000$，等等。比如 782 用罗马数字来表示是 *DCCLXXXII*。这种表达方式在加减乘除基本运算时非常令人头痛。阿拉伯数字加上格子乘算法，比欧洲落后的罗马数字计算不知要方便多少倍。任何人只要掌握了它的基本原理，都可以随时随地画出几个格子来进行计算。我们可以想象，列奥纳多的《计算之书》问世之后，在欧洲是多么受人欢迎。这个算法后来流传到中国，被称为"铺地锦"。

虽然列奥纳多的书在 13 世纪初就已经问世，真正的流传是在古登堡（Johannes Gensfleisch zur Laden zum Gutenberg，约公元 1400—公元 1468）制造了印刷机以后，也就是 16 世纪了。那时，列奥纳多的格子被装订成册，供人们计算之用。很快，"铺地锦"遍布整个欧洲大陆。

13 世纪初，神圣罗马帝国的皇帝腓特烈二世（Frederick II，公元 1194—公元 1250）经常坐在列奥纳多老家比萨的宫廷里。这个混有日耳曼、诺尔曼、西西里血液的皇帝是中世纪最有趣的皇帝之一。他极富语言天赋，会说七种语言（拉丁语、西西里语、法语、德语、希腊语、希伯来语、阿拉伯语）。在西西里做国王的时候，他率先在宫廷里讲西西里语，这后来成为现代意大利语的前身。他对科学抱有孩子般的好奇心。比如，他收养过一些刚出生就丧失父母的孤儿。腓特烈二世雇了保姆给他们吃喝，为他们洗浴，可就是不准跟他们讲话。他要看看这些孩子能不能自动学会说话。他还想看看，这些孩子最先讲哪一种语言，究竟是希伯来语、希腊语、拉丁语呢，还是阿拉伯语。当然，这些可怜的孩子们长到好几岁，不但不会说话，连拍手都不会。腓特烈被后人称为"王座上第一位近代人士"，一位知识分子。

列奥纳多这时在比萨已经大名鼎鼎，所以腓特烈二世一到比萨就要会见这位著名的数学家。列奥纳多见到腓特烈二世的时候，这位皇帝还不到四十岁。腓特烈二世应该是个注重君威的人，因为他留下了大量塑像。他的雕像青年时俊美清秀，而且很沉静。但随着年岁的增长，他越来越清瘦，表情越来越严厉，在他老年的雕像中，我们看到的是一位极为严厉的君主，紧皱双眉，仿佛对整个世界都充斥了不满和怨恨。显然，皇帝是个很辛苦的活儿。但这些雕像很可能已经过了大力的美化。阿拉伯人对他的描述完全不同："皇帝浑身上下长满了红毛，秃顶，近视眼。这样的奴隶在市场上还卖不到二百迪拉姆（阿拉伯地区的货币名称）。""他有蛇一般蓝绿色的眼睛。"记录来自大马士革的学者、历史学家加瓦兹（Sibt ibn al-Jawzi，？—公元 1256）。

文史花絮 → 16

列奥纳多身后二百年，格子乘算法来到了中国。清代人李汝珍（公元1763—公元1830）所著的长篇小说《镜花缘》，讲的是武则天时期的故事。书中讲到几个女孩子聚在一起谈数学，有位名叫青钿的指着面前的圆桌问道："请教姐姐，这桌周围几尺？"

被问的女子名叫米兰芬，她向身边的宝云要过一把尺来，量得圆桌面的直径是三尺二寸。她取出毛笔画了一套格子，然后念念有词，在格子里填入数字，然后搁笔说："此桌周围一丈零四厘八。"

米兰芬知道圆的周长等于直径乘以圆周率，还知道圆周率大约是3.14（徽率）。她用了一个叫作"铺地锦"的办法来做乘法，跟花拉子密的格子乘算法完全一样。图29中所举的例子，其实就是米兰芬的"铺地锦"，只不过把汉字数字改写成阿拉伯数字而已。

武则天时期当然没有"铺地锦"，李汝珍是根据自己的知识编造了这个故事。格子乘算法在明朝初期传入中国，首先出现在景泰元年（公元1450年）数学家吴敬所著《九章详注比类算法大全》，称为写算。这比比萨的列奥纳多晚了二百年。

腓特烈二世宠信一个名叫约翰内斯（Johannes，生卒年不详）的人。此人来自西西里的帕勒莫，是个转信基督教的西班牙犹太人。约翰内斯懂一些数学，于是腓特烈二世便叫他准备一些数学难题，要测试一下列奥纳多的能力。

在众多的难题当中，有一个三次方程：

$$x^3+2x^2+10x=20$$

1225年，列奥纳多出版了一本书，其中给出了这个问题的数值解。这本书的拉丁文标题很长，后人把它简称为《弗罗斯》。

我们不知道列奥纳多是怎样解决这个难题的，大概他用的是和奥马尔·海亚姆类似的几何法。让后人感兴趣的是他的分析方法。他先证明方程的结果不可能是整数，然后证明它不可能是分数，也不可能是平方根，以及所有这些类数的组合。这种重视解的性质而非简单求数值解的态度要在好几百年以后才被数学家们所广泛接受。

列奥纳多没有用10进位的小数表示他对三次方程所求的解，而是采用度、分、秒式的60进位制，类似于我们前面提到的古巴比伦计数法。他给出的解是：

1 + (22+ (7+ (42+ (33+ (4+40/60) /60) /60) /60) /60) /60

这相当于1.368 808 107 953 223 5……利用现代数学知识，我们可以很容易地算出这个方程的解是1.368 808 107 821 372 6……，而列奥纳多的结果只在小数点后第十位的地方出了点问题。60进位制的记数方式比罗马数字进步了许多，但是仍然严重阻碍代数的发展。他解出的三次方程，在中国的李冶和秦九韶看来已经是非常简单的问题了。不过列奥纳多引进的印度—阿拉伯数字将要在二三百年后的欧洲因十进小数点的发展而引发"数字革命"。

今天，列奥纳多最为著名的贡献是所谓的斐波那契数列。在《计算之书》里，他考虑了一个现在听起来很奇怪的问题：兔子是怎么繁殖的？他做了这样的一些假定：

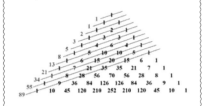

数海拾贝⓲

斐波那契数列还有一个有趣的性质：它跟贾宪三角形（西方叫帕斯卡三角形，见数海拾贝16）有关，见下图：

1. 第一个月初有一对刚出生的兔子；

2. 二个月后（也就是第三个月初）这对兔子可以生育一对兔子；

3. 以后每个月每一对可生育的兔子都会生下一对新兔子；

4. 兔子永远不死。

假设在第 n 个月共有 a 对兔子，第 $n+1$ 月共有 b 对，那么在第 $n+2$ 月必定共有 $a+b$ 对，因为第 $n+2$ 月的时候，前一月（$n+1$ 月）的 b 对兔子可以存留到第 $n+2$ 月（当月新生的兔子还不能生育），而在 n 月就已存在的 a 对兔子又生下 a 对兔子来。这个关系可以用下面的式子来表达：

$$F_{n+2}=F_n+F_{n+1}。\quad (n \geq 1)$$

规定 $F_0=0$，于是我们得到这么一个看起来似乎没有什么规则的数列：

0, 1, 1, 2, 3, 5, 8, 13, 21, 34, 55, 89, 144……

数学史专家告诉我们，实际上在列奥纳多发现这个数列之前半个世纪，印度数学家金月（Acharya Hemachandra，约公元 1088—约公元 1173）研究了一个跟兔子毫不相干的问题：在码放货物的时候，如果有很多不同大小、底面为正方形的箱子，其大小最接近的两种箱子的边长比例在 1 和 2 之间，怎样码放最节省空间？金月发现，最佳码放方式就是现在称为斐波那契数列的形式，如图 31 所示。

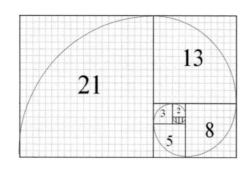

图 31：把边长遵循斐波那契数列规则的方块摆在一起，总是构成长方形。在 n 变得很大时，这个矩形的长与宽之比趋近于黄金分割率 1.618……

这是一个等比数列，满足这样的关系：

$$F_n + \alpha F_{n-1} = \beta(F_{n-1} + \alpha F_{n-2}) \quad (n>2)$$

这里，$\alpha = \dfrac{\sqrt{5}-1}{2}$，$\beta = \dfrac{\sqrt{5}+1}{2}$。换句话说，$F_n + \alpha F_{n-1}$ 跟 $(F_{n-1} + \alpha F_{n-2})$ 构成等比数列。这个等比数列的比值 $\beta = 1.618……$。这是个非常有名的比值，称为黄金比值。人们一般用希腊字母 $\varnothing$ 来表示它，而 α 也跟 $\varnothing$ 有关系：$\alpha = 1/\varnothing$。$\varnothing$ 满足一个特殊的一元二次方程：$\varnothing + 1 = \varnothing^2$。

这个方程隐含着一种特殊的直角三角形：根据勾股定理，底边长度为 1、高为 $\sqrt{\varnothing}$ 的直角三角形的斜边是 $\varnothing$。这样的三角形被称为开普勒三角形，是 17 世纪德国著名数学家、天文学家开普勒（Johannes Kepler，公元 1571—公元 1630）发现的。可是你知道吗？古埃及很多金字塔都是按照这个比值建造的。著名的吉萨大金字塔，其斜面边长和底面半边长的比值跟 $\varnothing$ 相差不到 0.01%。这是巧合吗？还是古埃及人早已知道黄金分割率了？

开普勒还发现，斐波那契数列中相邻两个数的比值 $\dfrac{F_{n+1}}{F_n}$ 在 n 很大的时候，也趋近于黄金比值 $\varnothing$ =1.618……。另外这个数列似乎有无穷多个质数。比如：2、3、5、13、89、233、1597、28657、514229、433 494 437、2 971 215 073、99 194 853 094 755 497、1 066 340 417 491 710 595 814 572 169、19 134 702 400 093 278 081 449 423 917，等等。目前已知最大的斐波那契质数是第 81 839 个斐波那契数，该质数一共有 17 103 位数字。

如果按照金月的办法码放方块，当 n 变得无穷大的时候，所有箱子构成的矩形的边长之比也趋近于黄金分割率 1.618……。所以，斐波那契数列又称为黄金分割数列。如果从每一个方块的一角用方块的边长为半径画四分之一个圆，所有的圆弧连起来就成为一条螺线（图 31）。这条螺线有一个非常迷人的特征，那就是只要 $n>2$，它的形状跟大小无关。换句话说，它是自我相似的。这是因为 $F_n + aF_{n-1}$ 跟 $(F_{n-1} + aF_{n-2})$ 构成等比数列。而几何上的自我相似性常常隐含了某种自我相似的物理过程。

实际上，自然界里许多生物的构造都和斐波那契数列有相关性。比如，典型的 DNA 构造是两根相互交缠呈螺旋状的分子链，每旋转 360 度，分子链螺旋的长度同两根螺旋的间距之比等于黄金率。向日葵里的葵花籽是按照螺旋式排列的，有人说 99% 的排列方式都遵循；菠萝、松塔、仙人掌等很多植物的螺旋线，也都遵循斐波那契螺线。还有数量惊人的物理过程也遵从斐波那契螺线，从微小的分子到巨大的星系，尺度从 10^{-10} 米到若干亿光年（1 光年大约是 10^{19} 米）！这是不是很神奇？现在斐波那契数列还被用来分析股市的波动。

神圣的比值（注：指斐波那契黄金分割率）犹如上帝，永远自我相似。

卢卡·帕西奥利（Luca Pacioli，公元1447—公元1517，意大利数学家）

几何学有两大瑰宝。一个是毕达哥拉斯定理（注：即勾股定理），另一个就是把线段分割成极端与平均的比值（注：指斐波那契黄金分割率）。前者可比之为黄金，后者则可比之为宝石。

约翰尼斯·开普勒

必须先在思维中独立地建立起形式来，然后才能在事物中发现它们。

阿尔伯特·爱因斯坦（Albert Einstein，公元1879—公元1955）

你来试试看？本章趣味数学题：

1. 利用"铺地锦"计算238×13。它是不是比古埃及乘法便捷多了？

2. 验证 1+（22+（7+（42+（33+（4+40/60）/60）/60）/60）/60）/60=1.3 688 081……。

3. 你能推导出斐波那契等比数列的比值 β 吗？

4. 验证 $\varnothing +1= \varnothing^2$ 的解就是 $\alpha = \dfrac{\sqrt{5}-1}{2}$ 和 $\beta = \dfrac{\sqrt{5}+1}{2}$。

5. 胡夫金字塔的底面是边长为230.4米的正方形，金字塔的高为146.5米。根据这两个数字计算金字塔斜面的长度。从这个长度计算斜面边长同底面边长一半的比值。

第十八章 费罗的遗言

博洛尼亚曾经是意大利最重要的城市之一。博洛尼亚大学是欧洲最早的大学，从公元1088年起就开始招收学生了。实际上，"大学"这个词的正式意义最早就是在这里出现的。博洛尼亚大学大概是世界上唯一一所连续一千多年颁授学位，从未间断过的大学。它培养出很多历史上著名的人物，包括中世纪的桂冠诗人但丁、著名作家薄伽丘（Giovanni Boccaccio，公元1313—公元1375），还有人文主义创始人彼特拉克（Francesco Petrarca，公元1304—公元1374）。

从学校的窗口举目望去，四面八方都是红色的屋顶，无数细长的红砖塔从这屋顶的海洋中高高地伸向空中，好像一片森林。博洛尼亚正值最繁华的时候，它有将近二百幢红塔，蔚为壮观。

窗口下面是人来人往的广场，偶尔还有琴声和歌声传进房间。房间里，窗子下放了一张床，床上躺着一位老人，头戴白色睡帽，形容枯槁，奄奄一息。

咽气之前，希皮奥内·德尔·费罗（Scipione del Ferro，公元1465—公元1526）把女婿哈尼瓦尔·纳维（Hannival Nave，生卒年不详）和学生安东尼奥·费奥尔（Antonio Fiore，生卒年不详）叫到病榻前，说有重要事情需要交代。

费罗在博洛尼亚大学教授算法和几何，一直教了三十年。当时的大学并不要求教授们拼命地发表论文，费罗也从不把自己的研究结果拿给别人看。可是，公元1526年的这一天，费罗改变了主意：如果不把自己的研究结果交代一下，恐怕一辈子的研究成果就要随着自己最后一口气消散而去了。

环顾了一下四周垂手站立的家人，费罗先招手示意女婿到跟前来，指给他看木桌上的一摞笔记本，那是他三十多年的研究纪录。女婿两手颤抖地捧起那厚厚的笔记——他知道，这是一块无价的敲门砖，能敲开欧洲任何一所大学的门。

费罗朝女儿菲丽芭（Filippa Ferro，生卒年不详）微微一笑，然后示意自己的得意门生安东尼奥·费奥尔走过来，递给他几页薄薄的羊皮纸。安东尼奥小心翼翼地打开来，发现是关于一类三次方程的求解方法。面对自己的得意门生，费罗气喘吁吁、断断续续地讲述了自己的发现。

原来，费罗多年来一直在考虑具有下述形式的方程：

$$x^3+bx=c$$
$$x^3=bx+c$$
$$x^3+c=bx$$

同奥马尔·海亚姆一样，费罗只研究 b 和 c 都是正数的情况，因为当时的欧洲对负数仍然没有认识。如果允许 b 和 c 是负数的话，这三个方程只需要用第一个来表示就可以了，那就是：

$$x^3+bx+c=0 \quad (16)$$

费罗究竟是怎样找到方程（16）的解的，我们一无所知。不过，在他去世之前二十五年，曾有一位名人来到博洛尼亚大学访问。这个人名叫卢卡·帕乔利（Luca Pacioli，约公元1446—公元1519），是意大利著名的数学家，方济会灰衣修士，现代财会理论的开创者。帕乔利一生写了好几本颇有影响的书，其中有一本名叫《神圣比例》，着重进行黄金律的数学讨论。文艺复兴巨匠达·芬奇（Leonardo da Vinci，公元1452—公元1519）曾经专门为此书作了插图，甚至还跟随卢卡·帕乔利

第十八章 | 费罗的遗言

学习了一段数学。

帕乔利访问博洛尼亚大学之前就出版了一本关于算法、几何和比例的专著，其中专门讨论了三次方程问题。帕乔利在这里工作了将近一年，他离开博洛尼亚大学不久，费罗就找到了方程（16）的解。对多数研究者来说，有了发现就恨不得马上让全世界都知道；可费罗却正好相反，他把自己的发现小心地隐藏起来，不肯告诉任何人，直到快咽气的时候才拿出来，以至于在后来的几百年里，人们对于他是否发现了三次方程的解众说纷纭。直到1925年，一批16世纪的手稿被发现，其中包括费罗处理三次方程的结果，才证实了确实是他解决了这些数学问题。

首先，费罗选择用两个变量 u 和 v 来表达 x，使 $x=u+v$。把这个关系代入（16），得到 $u^3+3u^2v+3uv^2+v^3+b(u+v)+c=0$。整理后变成：

$$(u^3+v^3)+3uv(u+v)=-c-b(u+v) \quad (16a)$$

方程式（16a）含有两个变量 u 和 v，而（16）只有一个，所以费罗可以任意选择一个 u 和 v 之间的关系。他选择了 $u^3+v^3=-c$ 和 $3uv=-b$。取最后一个式子的立方，他得到一对方程：

$$u^3+v^3=-c$$

$$u^3v^3=-\frac{b^3}{27}$$

当费罗得到这两个方程的时候，他一定兴奋得不得了。为什么呢？还记得我们在第一章里提到的巴比伦正常方程组吗？如果把 u^3 看成是一个新的变数 y，v^3 看成是另一个变数 z，这两个方程不就是式（3）吗？我们已经知道，巴比伦正常方程组对应的是一个一元二次方程，所以费罗成功地把三次方程化简成为二次方程。一旦求得解 u 和 v，x 的结果就知道了。

费罗去世后，女婿哈尼瓦尔·纳维接替了老丈人的教授职位，依靠泰山大人的笔记在博洛尼亚大学教授数学。费罗的得意门生安东尼奥·费奥尔则被公认是解决三次方程的专家。这是当时最深奥的数学，安东尼奥理所当然就是最顶尖的数学家了。

可是天外有天。文艺复兴后的欧洲，人们对科学和文化的热情空前高涨，研究不再是一种隐士般闲散和消遣的活动。为了抢先得到一元三次方程的普遍解，一场激烈的竞争在不知不觉中开始了。

差不多三十年前，博洛尼亚的希皮奥内·德尔·费罗发现了未知数三次方加上未知数等于常数（注：这是当时对 $x^3+mx=n$ 一类方程的表述）的解。这是一个真正美丽且令人羡慕的成就。这个发现超过了所有凡间的天才和人类的奥妙，是一份来自天堂的礼物；然而，不论是谁，如果能利用推理而得到最终的证明，将使他相信可以解决任何问题。

吉罗拉莫·卡尔达诺（Gerolamo Cardano，公元 1501—公元 1576）：《大术》（*Artis magnae sive de regulis algerbraicis liber unus*，1554 年）

你来试试看？本章趣味数学题：

验证变量变换 $x=y-\dfrac{a}{3}$ 可以把式（12）变成（12a）。把（12a）里面 m 和 n 用 a, b, c 表示出来。

第十九章　倔强而不幸的结巴

连绵的阿尔卑斯群峰覆盖着白雪，在2月的碧空之下显得出奇的静谧。可山脚下的小城里却火光冲天，浓烟滚滚。铁甲兵像潮水一般从坍塌的城墙缺口涌入，满街追杀逃命的人群。

布雷西亚被困的第七日，接近黄昏的时候，法国人攻破了城门。威尼斯共和国守军丢盔卸甲，弃城而逃。加斯顿·德·富瓦（Gaston de Foix，？—公元1512）将军对城内军民的顽强抵抗十分恼火，下令屠城。一时间，布雷西亚城里火光冲天，浓烟密布，血流成河。

在逃难的人群里，有母子四人。母亲紧紧拉着十二岁的儿子尼克罗，他跟着哥哥、姐姐盲目奔逃，跑得上气不接下气。尼克罗边跑边不断地回头，只见法国大兵挥舞着刀剑一路狂追过来。突然，前方出现一支马队，领头一员大将，身材高大，骑了一匹黑马，黑盔黑甲在落日余晖的映照下闪着红光，煞是吓人。母亲惊叫一声，拉起孩子转身朝着附近一座教堂里奔去。尼克罗听到脑后一股风声，紧接着脸上挨了重重的一击，人飞到空中，随着骨头破碎的声音，一头栽到地上。

1512年，意大利半岛北部的神圣同盟战争爆发。起初，教皇尤利乌斯二世（Pope Julius II，公元1443—公元1513）同法国建立康布雷联盟，请法国国王路易十二（Louis XII of France，公元1462—公元1515）帮助对付实力日益强大的威尼斯共和国。法军击败威尼斯共和国军队不久，教皇又觉得法国对意大利半岛野心太大，便转过身去同威尼斯、西班牙、神圣罗马帝国联手，建立所谓的神圣联盟。教皇的瑞士雇佣兵、意大利半岛几乎所有的邦国以及西班牙、英格兰都加入了神圣同盟，杀得法国人节节败退。这年2月初，路易十二任命自己的外甥，年仅二十一岁的内穆尔公爵加斯顿·德·富瓦出任元帅，领兵抗敌。加斯

文史花絮 → 17

  欧洲的文艺复兴发源于意大利。时间大致是从 14 世纪到 17 世纪，尽管 13 世纪起萌芽已经出现，比如但丁和彼特拉克的著作以及乔托（Giotto di Bondone，约公元 1270—公元 1337）的绘画。文艺复兴在不同的时间逐渐扩展到欧洲各国。这主要是一场文化运动，所以称之为"文艺"复兴。从对古典文献的重新认识和学习开始，发展到对教育的改革以及对宗教观的微妙转变。作为文艺复兴运动重镇的佛罗伦萨从 1115 年起就成为神圣罗马帝国皇帝特许的自治城市。美第奇家族从 1434 年起掌握了控制佛罗伦萨的大权，持续了三百年。期间美第奇家族出现过好几任教皇，这对佛罗伦萨的稳定有重要影响。1453 年 5 月 29 日，奥斯曼帝国大军攻陷了君士坦丁堡，东罗马帝国灭亡。新统治者关闭了所有的学校，大批讲希腊语的学者涌入意大利，也带来了大批希腊和拉丁古籍，把希腊语的文学、历史、演讲和神学资料重新带入西欧学校的课程之中。人文主义思潮蓬勃发展。学者们从早期的研究古代历史文化文献逐渐转变为专注自然科学、物理学、数学的希腊文和阿拉伯文典籍。

文史花絮 → 18

在西方，"大学"这个名字（university）同宇宙（universe）是同一个来源（拉丁文 universum）。Universum 的含义是所有东西放在一起构成的全体，后来用于表示宇宙（universe）。University（拉丁文 universitas）本来的意思是聚在一起的一群（有知识、有管理能力的）人（universitas magistrorum et scholarium），后来用来特指用于高等教育的组织，中文翻译成大学。

大学的早期是欧洲中世纪教会操办的师徒结合形式的组织，类似于行会或者公会。实际上在 11 世纪时大学与公会（不是工会）两个词可以通用。欧洲最早的大学是意大利的博洛尼亚大学。这座大学是 1088 年建立的。古希腊的柏拉图学园一类的学院可以看成是大学的雏形，但规模要小得多。

在中国，有人说，尧舜时代就有类似于大学的"上庠"。（郑玄："上庠为大学，在王城西郊。"）但没有具体的历史记载。春秋战国时期，私人办学盛行，"百家争鸣"，蔚为壮观，但规模都不大，不够称为大学。汉朝以后，设立太学，后改称国子监。民间则有书院。到了清末，随着近代科学技术传入中国，开始出现以近代科技教育为主的新式学校，废止旧式学堂。高等学堂的名称先后统一称为"大学堂""大学校"。所以"大学"应当是"大学堂""大学校"简化得来的。"大"是相对于小学、中学而来的，并非来自儒家经典四书之一的《大学》。

顿是个军事奇才，运筹帷幄，神出鬼没。他在当年 2 月 18 日就拿下了布雷西亚，然后马不停蹄，进军拉文纳。

尼克罗醒来的时候已是拂晓。母亲正跪在他身边，满面泪水。她用碎布包裹起男孩受伤的脸，然后把他拖出教堂，母子俩跟跟跄跄地消失在晨雾之中。

一个多月后，复活节那天，加斯顿在拉文纳战役里误中流矢而亡。这颗战争史上的流星从横空出世到阵亡还不到两个月，而那个被战刀砍碎了颚骨和下巴的男孩却在母亲的爱护和照料下顽强地生存下来。布雷西亚大屠杀的惨相一辈子铭刻在心，少年尼克罗立志做一名设计防御要塞的工程师。可是，布雷西亚沦陷之前，尼克罗仅仅学到半个字母表，父亲就被人谋杀了。母亲珍惜儿子的才华，千方百计为他找到一位保护人，于是尼克罗就到帕都亚去学习了。

尼克罗学成回乡时，已经长大成人。他脸上那道可怕的刀痕令人望而生畏，他只好用浓密的胡须遮盖着。残破的颚骨和下巴使他无法像正常人那样讲话，因而被人讥笑为"塔塔利亚"，也就是结巴。尼克罗自视极高，他在众人的讥笑和歧视中长大，变得个性怪异，十分不招人喜欢，最后不得不搬到大城市威尼斯去。

这是文艺复兴的时代，人的价值开始受到重视，能力和知识受到尊敬。威尼斯是个摩登世界，怪人到处都是，尼克罗如鱼得水。只是作为一名数学教师，他默默无闻，收入微薄。那时候的意大利，大学教席基本上来自贵族和富商的资助。要想得到一个位置，不仅需要名声，还需要人际关系。尼克罗什么都没有，很难有出头之日。

为了出人头地，尼克罗拼命地工作。他和一些独立于官方学院之外的学者，是文艺复兴后期在有教养的中层阶级当中传播古代经典的主要力量。公元 1537 年，他发表了一部介绍抛物运动和火炮射击理论的著作，被后人誉为"弹道学之父"。公元 1543 年，他把欧几里得的《几何原本》和阿基米德的一些重要著作翻译成当时的欧洲语言，并且纠正了

第十九章 | 倔强而不幸的结巴

拉丁版《原本》中流传了两个世纪的谬误。在发表这些著作的时候，尼克罗署名塔塔利亚，于是，尼克罗·丰塔纳·塔塔利亚（Niccolo Fontana Tartaglia，约公元1500—公元1557）这个名字名垂青史。

公元1535年初，老朋友祖安尼·达克伊（Zuanne da Coi，生卒年不详）寄给塔塔利亚两道三次方程的问题，希望他帮助解决：

$$x^3 + 3x^2 = 5$$
$$x^3 + 6x^2 + 8x = 1000$$

塔塔利亚钻研了很久，成功地解决了头一个方程。他是怎样得到这个方程的解的呢？我们在前一章里已经看到费罗如何解决方程（16）。这种不完全三次方程具有特殊的意义。塔塔利亚似乎已经意识到，任何一个三次方程：

$$x^3 + ax^2 + bx + c = 0 \quad (17)$$

都可以化简成（16）的形式。今天我们知道，只需要改换一个变量 y，使 $x = y - a/3$，方程（17）就变成了：

$$y^3 + my + n = 0 \quad (17a)$$

这就是方程（16）。请读者试着把这个等式里面的 m 和 n 找出来（本章练习1）。知道了 m 和 n，只要找到（16）的普遍解，所有三次方程的问题都可以迎刃而解。

塔塔利亚解决方程（16）的方法和费罗有些不同，他从 $(u-v)^3$ 开始。我们知道——

$$(u-v)^3+3uv(u-v)=u^3-v^3 \qquad (18)$$

塔塔利亚看出，方程（18）跟（16）很相像。因此，如果取 $x=u-v$，并令 $b=3uv$，$c=v^3-u^3$，解方程（16）就相当于用 b 和 c 来表达 u 和 v。现在，我们看看下面这个等式：（还记得古巴比伦的二项式平方的展开吗？）

$$\left(\frac{u^3+v^3}{2}\right)^2=\left(\frac{u^3-v^3}{2}\right)^2+u^3v^3 \qquad (18a)$$

塔塔利亚的思路是，由于 $b=3uv$，$c=v^3-u^3$，（18a）就变成：

$$\left(\frac{u^3+v^3}{2}\right)^2=\left(\frac{c}{2}\right)^2+\left(\frac{b}{3}\right)^3$$

对上式开平方，得到：

$$\frac{u^3+v^3}{2}=\sqrt{\left(\frac{c}{2}\right)^2+\left(\frac{b}{3}\right)^3}$$

由于 $c=v^3-u^3$，$\dfrac{u^3-v^3}{2}=-\dfrac{c}{2}$。把这个等式加到上面等式的两边，我们就得到：

$$u^3=\sqrt{\left(\frac{c}{2}\right)^2+\left(\frac{b}{3}\right)^3}-\frac{c}{2}$$

第十九章 | 倔强而不幸的结巴

把这个等式开立方：

$$u = \sqrt[3]{\sqrt{\left(\frac{c}{2}\right)^2 + \left(\frac{b}{3}\right)^3} - \frac{c}{2}}$$

记得 $v^3 = c + u^3$，v 就可以很容易地得到了。最终我们得到：

$$x = u - v = \sqrt[3]{\sqrt{\left(\frac{c}{2}\right)^2 + \left(\frac{b}{3}\right)^3} - \frac{c}{2}} - \sqrt[3]{\sqrt{\left(\frac{c}{2}\right)^2 + \left(\frac{b}{3}\right)^3} + \frac{c}{2}} \quad (19)$$

这是一个极为令人振奋的进展。塔塔利亚迫不及待地宣布：三次方程，我都能解！他知道，意大利有无数像他这样默默无闻的数学家，一辈子无法出人头地。现在，只要有一个名人出来挑战，他就能向世界公开证明自己的能力。那时，名声和人际关系就都有了。

果然不出所料，很快便有人上钩了。

安东尼奥·费奥尔听到塔塔利亚的宣告，心里很不高兴。他想："我手中有老师的密解，还不敢如此张狂；你算老几，以为世上没有能人吗？"于是，他送信给尼克罗，要跟他比试比试。

这场别开生面的"决斗"吸引了许多旁观者。按照规矩，费奥尔和塔塔利亚每人给对方出三十道难题，限期交卷，谁解决的问题多，谁就算胜了。失败者必须出资举办三十次豪华的宴会，为胜利者庆贺。

费奥尔也许缺乏想象能力，也许过于轻敌。他给对方出的题，都属于老师解决过的 $x^3 + bx = c$ 一类。塔塔利亚冥思苦想，终于在那年 2 月 13 日天亮之前找到了普遍解，此后一通百通，势如破竹，两个小时就把三十道题全部解决了。

费奥尔收到的问题很多是 $x^3 + bx^2 = c$ 形式的，可是这位"大数学家"不会举一反三，很多题解不出来，结果一败涂地。出乎费奥尔的意料，塔塔利亚豪爽地取消了所有的宴席——赢得这场"决斗"对他来说已经足够了。

费奥尔的名字从此在历史上消失，而塔塔利亚则声名大噪。祖安尼督促他：赶紧把研究成果发表！可是不知道塔塔利亚为什么没有这样做。不久，一个人慕名找到了他。于是我们的故事渐渐进入高潮。

人生其实很简单：你得做点什么。多数的时候你失败，有一些会成功。你就做更多成功的事。如果成就大了，别人很快就会来模仿你。那你就去做别的事。窍门在于去做不同的事。

列奥纳多·达·芬奇

你来试试看？本章趣味数学题：

1. 验证变量变换 $x = y - \dfrac{a}{3}$ 可以把式（17）变成（17a）。把（17a）里面 m 和 n 用 a、b、c 表示出来。

2. 验证等式（19）。

第二十章 邪恶的天才

塔塔利亚和费奥尔的打赌事件一时之间成为人们街头巷尾热议的话题。它勾起了一个怪人的兴趣。

这个人就是传奇数学家吉罗拉莫·卡尔达诺。德国数学家莱布尼茨曾经这样评价他："卡尔达诺是一个拥有所有缺点的伟人。假若没有这些缺点的话，他会是无与伦比、独一无二的伟人。"

卡尔达诺的父亲是个爱好数学的律师，还是达·芬奇的好友。他天性放荡不羁，所到之地，处处遗爱。卡尔达诺就是他同一个无名女人的私生子。卡尔达诺在自传中说，虽然母亲很不想要他这个孩子，但他还是在公元1501年9月24日出生了。母亲花了三天时间才把他生下来，自己奄奄一息。显然，他的出生并不受欢迎。由于身世不明不白，他一辈子遭人白眼，养成了玩世不恭的个性，花天酒地，无所不为。二十岁的时候，他花光了父亲留下的积蓄，转靠赌博为生。他人极聪明，有非常好的数学底子，仗着脑瓜好使，赢多输少，名声越来越坏。他进入帕都亚大学，主修医学，可仍然不招人喜欢，多次申请进入米兰的医学院，都因狼藉的名声遭到拒绝。尽管如此，他后来还一度成为颇有名声的医师。他第一个明确指出，先天耳聋的人不需要先学讲话也可以学习。他第一次正确地描述了伤寒病。很多人相信，两千年前雅典城里的大灾疫就是伤寒。

这个品行糟糕的家伙极富才华，研究硕果累累。他一生中出版了一百三十一种著作，还有一百一十一种尚未完成。他发明了密码锁、万向轴，还有万向接头。后两种发明在现代汽车、火车、机床等各种机械上都能看得到。在几何学里，他发现了圆内螺线，也就是卡丹螺线，后来在高速印刷机上被广为应用。他在水力学上也有重要贡献，并且正确指出制造永动机是不可能的。他一个人出版过两部自然科学百科全书，其中包括大量的发明创造、科学事实，也含有各种不可思议的迷信。他还发明了一种叫作卡丹网格式密码（在法语世界中卡尔达诺的名字被翻译成"卡丹"）的东西，专门用来把文字变成别人无法破译的密码。他写的书，内容包括医学、算法、代数、几何、音乐、机械、炼金术、自然现象，外加一本自传。其中最有名的一本书名叫《大术》，我们后面还要谈到。

卡尔达诺花天酒地的习性使他总是缺钱花。六十岁那年，他写了一本书，专门讨论博弈，这是世界上第一本系统研究概率论的著作。因为里面涉及很多不光彩的赌博知识，这本书到他死后六十年才被发表。

话说卡尔达诺从祖安尼那里听到"决斗"的故事，惊异万分。因为他不久前刚刚研究过帕乔利的一本书，其中宣称三次方程的普遍解不存在。这正是帕乔利访问博洛尼亚大学之前出版的那本书。卡尔达诺玲珑剔透，可是过多的事情使他分心旁骛，因而轻信了帕乔利的结论。他马上设法同塔塔利亚联系，于是，通过一位中间人，两位数学家开始正式对话。

卡尔达诺告诉塔塔利亚，自己正在写一本关于代数的书，希望塔塔利亚能够允许他把三次方程的解法写到书里去。塔塔利亚拒绝了。他说自己也打算写一本书，自然要把这个发现包括在内。卡尔达诺于是要求看看塔塔利亚的解法，并且许诺，自己一定坚守秘密，对谁也不讲。塔塔利亚又拒绝了。

于是，卡尔达诺直接写信给塔塔利亚，一面表达不满，一面又闪烁其词地说，他一直在对自己的保护人——米兰总督阿尔方索·达瓦洛斯（Alfonso d'Avalos，公元 1502—公元 1546）盛赞塔塔利亚的才智。塔塔利亚接到这封信以后，突然改变了主意，大概他意识到结识总督对自己的前途影响重大。他回信给卡尔达诺，婉转地表示希望能觐见总督大人。卡尔达诺立即邀请塔塔利亚到自己家里来，并允诺帮助他见到总督。

1539年3月，塔塔利亚从威尼斯来到米兰。令他失望的是，总督不在米兰，卡尔达诺负责管理客人的一切事务。不几天，两个人的话题就回到了三次方程上。卡尔达诺凭三寸不烂之舌使塔塔利亚答应向其展示自己的结果，不过有一个条件，那就是卡尔达诺必须郑重起誓绝不对任何人谈起这个结果。卡尔达诺说："我以《圣经》和绅士的忠诚对你发誓，假如你告诉我这个结果，我不仅绝不发表你的发现，而且，我以基督徒的诚信保证，将以密码的方式将你的发现记录下来，以保证我死后也没有人能读得懂。"

塔塔利亚犹犹豫豫地打开了笔记本，卡尔达诺努力压制着内心的激动，一字一句仔细读下去：

> 当三次方和未知放在一起
> 使它们等于一个给定的数
> 寻找另外两个数，它们的差别在于……

原来是一首诗。卡尔达诺看不大懂，不过还是把它默记下来，决定好好研究一下。

塔塔利亚带着卡尔达诺的介绍信离开米兰，希望将来能有机会依靠这封信见到总督。还没到达威尼斯，他就后悔了。直觉使塔塔利亚意识到，自己犯了严重的错误。卡尔达诺是个绝顶聪明的家伙，很可能破译暗语，找到三次方程的解。为此，塔塔利亚每日忧心忡忡，寝食不安。

那一年，卡尔达诺出版了不是一部，而是两部数学书。塔塔利亚迫不及待地找到了这两本书，逐字逐句地仔细研读，生怕自己的秘密被揭露出来。没有，他松了口气。可是，尽管这时大家都认识到三次方程是可解的，塔塔利亚还是没有发表自己的结果。也许他觉得结果还不够完美吧。但是他没有意识到，这个世界已经突然改变了模样，早先那种慢慢腾腾、自得其乐搞研究的日子一去不复返了，代之而来的是所谓"割喉"般的竞争。"不成文，便成仁"成了科学界的信条；这还不够，如果不是"第一"，必须力争"最好"，不然，你的努力就很难被同仁注意到。

卡尔达诺继续不断地赌博，研究却也从未中断。几年后，他带着助手洛多维科·费拉里（Lodovico Ferrari，公元1522—公元1565）来到博洛尼亚，拜访了希皮奥内·德尔·费罗的女婿。他们从他那里得知，德尔·费罗早在二十多年前就已经得到了一部分三次方程的解。大惊之下，卡尔达诺明白了，塔塔利亚不是第一个接触三次方程的人，因此自己对他的诺言可以解除了。

公元1545年，卡尔达诺发表了《伟大的艺术，或论代数法则》，简称《大术》。在这本书里，他把三次方程的解以及他根据塔塔利亚的暗语所得到的附加工作全部发表出来。他在书中倒是很明白地指出，这些工作的开创者是德尔·费罗、塔塔利亚还有罗德维戈。这其实还是挺公正的。

《大术》详细介绍了解决三次方程的方法。卡尔达诺第一次明确地指出，任何普遍的三次方程（17）都可以变成不完全方程（16）。然后他引进两个变量 u 和 v，使得：

$$y = u + v$$

于是（16）就变成了：

$$u^3 + v^3 + (3uv + m)(u + v) + n = 0 \quad (20)$$

由于卡尔达诺同时引入两个变量 u 和 v，他有任意选择其中一个变量的自由。他的选择是：

$$3uv + m = 0$$

于是我们得到：

$$u^6 + nu^3 - \frac{m^3}{27} = 0 \qquad (21)$$

这就大大简化了方程（20），因为三次方程就变成了关于 $z = u^3$ 的二次方程，它的解大家都知道：

$$u^3 = \frac{-n}{2} \pm \sqrt{\frac{n^2}{4} + \frac{m^3}{27}} \qquad (22)$$

进一步开立方，就得到 u 的解。

这个方法正是塔塔利亚在暗语中所记载的。如今它以卡尔达诺—塔塔利亚公式的名字著称于世。这种解法给出 u 六个可能的解，其中只有三个是相互独立的。

还记得等式（18）吗？请记得，塔塔利亚的时代还没有代数符号系统，要想找到这个关系是很不容易的。卡尔达诺在《大术》中对等式（18）做了一个清楚的几何解释（图32），它实际上跟海亚姆的填满方块的办法很类似，只不过是从加变成减，而且从平面跳到三维空间去了。

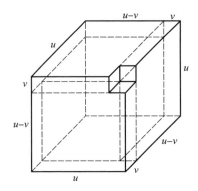

图 32：卡尔达诺对 u^3-v^3 的几何解释。v^3 就是右上角挖去的小立方块

《大术》震动了整个数学界，被公认是文艺复兴时期三部最重要的科学著作之一。另外两部，一部是波兰天文学家哥白尼（Nicolaus Copernicus，公元 1473—公元 1543）的《天体运行论》，一部是布鲁塞尔解剖学家维萨里（Andreas Vesalius，公元 1514—公元 1564）的《人体构造》。《大术》不仅给出了三次方程的普遍解，更加令人惊异的是，它还给出了一些四次方程的解。卡尔达诺声明，找到四次方程解的不是别人，正是自己的助手洛多维科·费拉里。

于是，全世界的目光都聚焦在年仅十八岁的费拉里身上。

我花了五年时间写这本书,愿它存活数千年。

　　吉罗拉莫·卡尔达诺:《大术》的最后一句话

第二十一章　少年才俊

洛多维科·费拉里出生在米兰。当时的意大利北部战争频繁，形形色色的军人来来往往，包括当地的贵族、神圣罗马帝国、法国、罗马教皇等等，兵荒马乱，民不聊生。费拉里的祖父被迫离开家乡，到博洛尼亚寻找生路。费拉里从小丧失父母，寄居在叔父家里。叔父有个儿子名叫路加，与费拉里年龄相仿，是个不安分的男孩。路加离家出逃，跑到米兰，在吉罗拉莫·卡尔达诺家里签约当了仆人。可是没过几天，他就厌烦了，又逃回家去。卡尔达诺派人送信给文森，要求他把儿子送回来，做满合同规定签署的年限。文森不想把儿子送去受苦，又正为侄子所带来的经济负担发愁，便一箭双雕，把费拉里送到卡尔达诺家里去顶岗。

十四岁的费拉里就这样开始了仆人的生涯。卡尔达诺很快就发现这个少年不仅识字，而且极为聪慧，便让他做自己的私人秘书。后来卡尔达诺越来越欣赏费拉里的才华，干脆收他为学生，教授他数学。费拉里聪敏好学，不久便融会贯通，开始配合卡尔达诺进行数学研究，两个人密切合作，相得益彰。公元1541年，卡尔达诺向米兰的匹阿提基金会（Piatti Foundation）提出辞职，让出自己的位置。未满二十岁的费拉里轻而易举地战胜另外一位申请人，争得了教席。

另外那位申请人是谁呢？他就是塔塔利亚的好友祖安尼·达克伊。

话说塔塔利亚发现卡尔达诺背弃了誓言，暴跳如雷。次年，他发表文章，从自己的角度详细讲述了事情的前前后后，严厉指责卡尔达诺背信弃义，甚至对他进行人身攻击。

《大术》使卡尔达诺跻身于数学大家之列，塔塔利亚的攻击对他影响不大。而资历浅薄的洛多维科·费拉里却写信向塔塔利亚挑战。这个年轻人在信里说的话非常无理："我相信我最近发表的小册子已经彻底打断了你的脊梁骨，你只有勉强摇尾巴的份儿了。如果你还有一点点精力的话，现在是表现出来的时候了。不然的话，你的余生会在丢人的泥潭中度过，为无知和罪恶的彻底胜利而欢庆。"

在今天看来，用这种态度对待同行是很糟糕的。但在文艺复兴的时代，研究者更倾向于把自己的真实情感表达出来，他们不大掩饰个人的好恶。塔塔利亚本来对费拉里不感兴趣，现在这个毛头小子把他彻底激怒了。然而他知道即便赢了费拉里对自己也没什么好处。他憎恨卡尔达诺，如果能在辩论中战胜卡尔达诺，那么自己贫困数学教师的地位肯定会改变。于是，他写信给费拉里，要求同卡尔达诺直接辩论。

卡尔达诺何等聪明，根本就不搭这个话。塔塔利亚花了一年多的时间，写了无数封信，其中不乏谩骂挑衅之词，使用激将法，但一点儿效果也没有。公元1548年，塔塔利亚出乎意料地得到自己老家布雷西亚大学的邀请信，授予他讲师的位置，俸禄相当丰厚。可是有一个条件。信中要求塔塔利亚到米兰去，同费拉里辩论，以辩论结果作为占据这个职位的能力的凭据。

以今天的眼光来看，布雷西亚大学的安排非常奇怪。是不是有卡尔达诺的阴谋在背后，我们不得而知。

8月10日，辩论在米兰市内的大教堂举行。米兰市民纷纷前来观看这场智力大赛，其中有很多当地名流，包括总督大人。费拉里带来人数众多的朋友和支持者，浩浩荡荡，而性格孤僻的塔塔利亚则只有一个哥哥前来助阵。

塔塔利亚的年龄比费拉里大一倍还多，经验丰富，赢得辩论的期望很高。可是，第一天辩论即将结束的时候，他发现事情远不如自己想象的那么容易。费拉里对三次、四次方程的理解相当完整，头脑敏捷，思路清晰，语言流畅。加上他年轻英俊，让那些贵夫人们喜欢得不得了。塔塔利亚不知道如何求解四次方程，他的结巴使辩论更加困难。加上又老又丑，很难得到人们的喜欢。人群中投射出来的嘲笑和鄙视可能比辩论中回答不出问题更难使人接受。第二天，费拉里和观众们来到大教堂，准备继续辩论，等了半天，塔塔利亚却没有出现。原来，他在头天晚上悄悄离开了。于是费拉里自动成为胜利者。

费拉里求解一元四次方程的思路很简单：既然已经知道一元三次方程的普遍解，那么，如果有办法把四次方程转变成三次方程，解不就有了吗？问题是，怎样才能把四次方程变成三次方程呢？费拉里是第一位找到开启四次方程钥匙的数学家。附录四简单介绍了他的方法，供感兴趣的读者参阅。

过了将近二百年，一个二十二岁的挪威青年和一个十九岁的法国男孩几乎是同时从理论上证明，对于五次以上的方程，不可能简单地用方根公式的办法给出普遍解。

挪威青年阿贝尔（Niels Henrik Abel，公元1802—公元1829）是在1824年拿到政府奖

数海拾贝⑲

关于一元五次方程的研究有许多有趣的轶事。非常不走运的年轻天才伽罗华是其中之一。公元1830年初，这个未满十九岁的年轻人向法国科学院提交关于五次方程的论文，想去竞争一项数学大奖。虽然论文中没有提供五次方程的解法，但却展示了他非凡的数学天分，连大名鼎鼎的数学家柯西都认为他很可能得奖。这篇文章交给科学院的秘书傅立叶（Jean-Baptiste Joseph Fourier，公元1768—公元1830）评审，不想傅立叶还没有来得及交出评审报告就去世了。伽罗华自己也因为一些原因，被学校开除了。不过，他仍然对数学倾注了极大的热情，并写出了他最著名的论文《关于用根式解方程的可能性条件》，于1831年1月送交科学院。这是伽罗华希望被数学界认可的最后机会，但是三四个月过去了，仍然杳无音讯。伽罗华参加了国民卫队，去保卫共和。结果两次被捕，第一次无罪释放，而第二次被判了六个月的监禁。不久之后他便在决斗中身亡。

跟这个方程有关的另一个数学家是华罗庚（公元1910—公元1985）。上海《学艺》杂志于1926年发表了一篇苏家驹的论文《代数的五次方程式之解法》。但这个问题已经被伽罗华证明是不可能的。华罗庚当时在江苏省金坛县父亲的杂货铺里一边帮工一边自学数学。在阅读了苏家驹的文章之后，十九岁的华罗庚写信给《学艺》杂志指出论文的错误。之后，他在中国的《科学》杂志上

学金游学柏林和巴黎时发表对这个问题的证明的。但他当时经济困窘,无力支付昂贵的印刷费用,只好把文章精简为薄薄的六页纸。这使他的文章极为晦涩难懂,无法得到人们的赏识。他寄给德国数学家高斯(Johann Carl Friedrich Gauss,公元1777—公元1855)的文稿被弃置一旁。另一篇稿子寄给法国数学家柯西(Augustin Louis Cauchy,公元1789—公元1857),也遭到忽视。最终,聪颖清秀的阿贝尔由于生活贫困而患上了肺结核,死时年仅二十七岁。

> 发表了《苏家驹之代数的五次方程式解法不能成立之理由》。那年他只有二十岁。著名教授熊庆来读到了这篇文章,破格把华罗庚请到清华大学,后面的故事就人尽皆知了。
>
> 顺便也说说中国的《科学》杂志。这个杂志于1915年1月以月刊的形式创刊,由上海商务印书馆出版。杂志效仿美国科学促进会的杂志《科学》,"以传播世界最新科学知识为职志"。1934年《科学》杂志转变为正式的学术刊物,"其宗略规托英国《自然》周刊、美国的《科学》、德国之《自然科学》等杂志"。它1951年停刊,1957年以季刊形式复刊,1960年再次停刊,1985年再次复刊。最后这个中国最早的科学学术期刊变成了科普杂志。

柏林大学发给他的教授聘书在他死后两天才到达。而他关于椭圆函数的巨著,"比青铜还要不朽的里程碑",也是在他死后才被人发现的。这些遗憾留给后人无限的唏嘘。

那个名叫伽罗华(Evariste Galois,公元1811—公元1832)的法国男孩本来也前途无量,他在1830年提交的证明方法开创了抽象代数学和群论的先河,可惜在二十岁时因为女朋友跟人决斗,送了性命。

言归正传。辩论的失败使塔塔利亚的名声受到严重损害。在布雷西亚教了一年书以后,他被校方告知,合同不能再延续了。他把校方告上法庭,可是花了大笔律师费之后,仍然无法胜诉,只好背着满身债务永远离开了故乡,回到威尼斯重操穷教师生涯,最后潦倒而死。

费拉里从此春风得意,教书之外,又出任米兰的税务官。四十一岁时,费拉里决定退休,因为这时他已是一位极为富有的达官贵人,不必再为生计而操心。他要回到博洛尼亚大学去担任数学教授。博洛尼亚是他长大的地方，从此可以远离官场，远离世俗，专心致志地研究数学了。没想到，回到博洛尼亚不久，他就在当年年底暴亡。卡尔达诺后来表示，洛多维科·费拉里的姐姐玛达丽娜在弟弟的葬礼上表现奇怪，一点儿也不悲伤。玛达丽娜继承了费拉里的全部财产，并在弟弟的葬礼两周后重新结婚。费拉里的新姐夫把巨额财产全部转到自己名下之后，便离开了费拉里的姐姐，使她死于贫困。后人认为费拉里的死因是砒霜中毒。

卡尔达诺的结局也不美满。他的大儿子发现妻子与别人通奸，怒不可遏，竟把妻子毒死了，自己也为此被处以死刑。小儿子继承了父亲嗜赌的恶习，常常从父亲那儿偷钱花。卡尔达诺在七十岁的时候被教会判为异端。小儿子在关键时刻来了个大义灭亲，亲自参加对父亲的迫害，使卡尔达诺在监狱里待了好几个月，还不得不放弃教授的职位。后来他搬到罗马，靠着教皇格里高利十三世（Gregory XIII，公元1502—公元1585）发放的年金写完了那本著名的自传。卡尔达诺后来死在自己早些时候根据天象学预测的一个日子里。很多人认为他是自杀的，目的是要证明自己先前"预测"的准确性。

数学家不应该忘记，比起艺术和其他科学来，数学尤其是年轻人的游戏。伽罗华死时才二十一岁，阿贝尔二十七岁，拉马努詹（Srinivasa Ramanujan，公元1887—公元1920，泰米尔数学家）三十三岁，黎曼（Bernhard Riemann，公元1826—公元1866年，德国数学家）四十岁。当然，不少人在年纪大了以后仍有所建树，但我不知道任何一个伟大的数学进展是由五十岁以后的人所创立的。……数学家在六十岁以后也许还有些余力，但不大能指望他还有原创思想。

摘自 G.H. 哈代（Godfrey Harold Hardy，公元1877—公元1947）：《一个数学家的辩白》（*A Mathematician's Apology*）

第二十二章　制造虚幻的工程师

放眼望去,四面全是泥沼。一洼洼泥水连绵不断,被野草包围着,夹杂着起伏的沙丘和低矮的灌木。偶尔有几株巨大的古树东倒西歪地躺在泥泞之中,已经朽烂了。一股臭烘烘的味道在四周弥漫,蚊虫铺天盖日。于蒸汽弥漫中,影影绰绰有许多人,大呼小叫,不知在干什么。一个留着山羊胡子的小老头满身是泥,在沼泽地里跑来跑去,时不时停下来对干活的人们说些什么。他的两条手臂不断地挥舞着,做出各种夸张的手势。

庞汀沼泽在罗马城东南大概五六十公里的地方。这里本来是个相当富庶的地区,森林遍地,土地肥沃。可是古罗马人为了扩张领土,大量造船,把树木砍光了,造成严重的水土流失,从那以后庞汀就成了一片沼泽。这里蚊蝇滋生,寄生虫遍地都是,历代都是传染霍乱和其他流行病的温床,造成无数人死亡。两千年来,无数有志愿的人试图治理庞汀,可是都失败了。

本蒂沃利奥(Bentivoglio)家族统治独立城邦博洛尼亚达一个世纪之久,其间与罗马教廷战争不断。他们号称是神圣罗马皇帝腓特烈二世的后代,也就是给比萨的数学家列奥纳多出难题的那一位。在这一百年里,几代的本蒂沃利奥前仆后继,前面的战死了,被暗杀了,后面的马上接上来。公元1506年,教皇尤利乌斯二世(Julius II,公元1443—公元1513)在法国军队的协助下终于攻占了这座城池,博洛尼亚沦为教皇治下的一个城市。以"可怕的尤利乌斯"而知名的教皇下令洗劫本蒂沃利奥的宫殿,把大量艺术品运到自己的宫廷里。

当时本蒂沃利奥家族,由乔瓦尼·本蒂沃利奥二世(Giovanni II Bentivoglio)带领支持者逃离博洛尼亚。在逃亡的人群中有一个姓马佐里（Mazzoli）的家庭。转过年，乔瓦尼率军反攻失败，遭到残酷镇压，大批追随者被处决，其中包括马佐里家的男主人，他的财产也被没收了。

一晃十几年过去了，马佐里的后代安东尼奥回到家乡，改做羊毛生意，过起寻常百姓的生活。他娶了一个裁缝的女儿，生下半打儿女，大儿子名叫拉法耶尔（Rafael）。安东尼奥没有能力给孩子提供高等教育，可是他给拉法耶尔请了一位工程师兼建筑师作为私人教师。拉法耶尔后来自己找到一位罗马贵族后裔做保护人。

博洛尼亚当时在数学界占有世界领先地位，许多有名的数学家都在那里进行研究。德尔·费罗去世的那一年，拉法耶尔刚出生；塔塔利亚同费拉里辩论的时候，他才九岁；吉罗拉莫·卡尔达诺的《大术》出版的时候，他十九岁。他对数学非常感兴趣，却追随老师克莱门蒂（Pier Francesco Clementi，生卒年不详），成为一名工程师。

公元1549年，拉法耶尔的保护人得到了意大利中部托斯卡纳附近河谷一片沼泽地的所有权。这片土地原属于教皇，北临亚诺河，南临台伯河，常年积水。拉法耶尔奉命治理这片沼泽地，花了六年时间，取得相当大的成功，很快就声名鹊起。

公元1555年，正当拉法耶尔在托斯卡纳东南部进行沼泽排水治理的时候，工程因故暂停。在等候工作期间，拉法耶尔决定写一本关于代数的书。他似乎没有接受过数学的专门教育，但是工程师的工作需要他对计算数学有相当深入的了解。在自学过程中，他深感很多数学家的论文缺乏详细论证，甚至概念模糊。只有吉罗拉莫·卡尔达诺的探讨深入，可是《大术》对于缺乏数学知识的人来说又太难懂了。于是他决定写一本深入浅出的代数书，以便让人们对这门美妙的科学有更好的了解。拉法耶尔计划把这本书分为五卷，前三卷专门介绍代数，后两卷介绍几何。

这本书开始写作不久，排水工程又重新启动。拉法耶尔的工作极为出色，所以在 1560 年工程结束的时候，他已经是意大利著名的水利工程师了。第二年，他被请到罗马，抢修台伯河上濒于倒塌的古桥。可是这项工程很不成功。至今这座桥仍然没有修复，罗马人把它称为断桥。拉法耶尔的声誉并没有因此而受到影响，他又被请到罗马东南部去治理庞汀沼泽。这个地方的卫生环境极差，从古罗马时代就是传染病的发源地，常常造成霍乱流行。可是，这又是一个棘手的工程，真正彻底地解决问题需要到 20 世纪。

拉法耶尔为了这些工程整天忙碌着，写作只好放到业余时间了。这期间，他在沼泽和罗马之间多次往返，认识了一位罗马大学的教授，这位教授有一本珍贵的丢番图《算法学》手稿，共七卷。这个发现让拉法耶尔惊喜不已。两个人经过切磋和讨论，决定把它翻译出来。

可惜由于工作压力，翻译最终没有完成。不过，丢番图的手稿使拉法耶尔受益匪浅。仔细研读之后，他决定彻底修改自己的

> **数海拾贝⑳**
>
> 虚数把我们带进复数空间。一个复数 $z=x+iy$ 有两个部分，实数部分的大小是 x，虚数部分的大小是 y。复数使我们用数学手段描述世界时多了一个维数。空间是三维的，很多时候，我们用笛卡尔坐标系来描述，空间里每个点有一组坐标 (x, y, z)。复数可以用复数平面来表示，如下图。它类似于笛卡尔实数平面，不过横坐标（Re）是实数轴，纵坐标（Im）是虚数轴：
>
>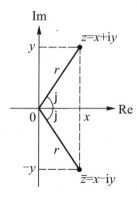
>
> 后来，欧拉指出，三角函数可以用来表达复数，并证明对任何实数 x，都存在复数：
>
> $$e^{ix} = \cos(x) + i\sin(x),$$
>
> 其中，e 是自然对数的底数。这在复数平面上是个单位圆：

手稿，把大量的丢番图的例题引用到自己的书里去。

公元 1573 年，拉法耶尔《代数学》的前三卷出版。他在第三卷结尾处写道："处理几何学的第四卷、第五卷目前还没有完成，不过希望很快便可以问世。"

然而，拉法耶尔没能完成这部划时代的著作。前三卷出版后不久，拉法耶尔便与世长辞了，年仅四十六岁。

拉法耶尔的代数是当时最为完整的理论。他在求解的时候，总是先把问题从几何向代数，或者从代数向几何转换，然后用几何与代数两种方法求解，最后验证二者的等价性。这说明，他已经清楚地看到几何与代数的等价性。

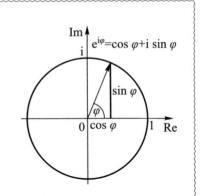

复数在数学、科学和工程上有极为广泛的应用。有了复数，所有 n 次多项式都有 n 个复数根（实数根是虚数为零的复数）。实数分析和数论的证明常常需要以复数的技巧来帮助完成。在信号分析中，利用傅立叶变换可以把实数信号表示成一系列周期函数之和，周期函数用复数的形式来表达：$f(x,t) = Z(x)e^{i\omega t}$，这里 ω 是角频率，$Z(x) = A(x)e^{i\delta}$ 包含了信号幅度 $A(x)$ 和相位 δ 的信息。这样复数能使我们便捷地表述空间（幅度）和时间（角频率和相位）的变化。

不仅如此，他第一次在代数处理中系统考虑正负数，并给出完整的负数运算规则，比如乘法：

正数乘以正数等于正数

负数乘以负数等于正数

正数乘以负数等于负数

他甚至给出了负负得正的几何证明。最重要的是，他发现了虚数

(平方根下的负数)，并给出虚数的运算规则：

正虚数乘以正虚数等于负数（$(+\sqrt{-n}) \times (+\sqrt{-n}) = -n$）

正虚数乘以负虚数等于正数（$(+\sqrt{-n}) \times (-\sqrt{-n}) = n$）

负虚数乘以正虚数等于正数（$(-\sqrt{-n}) \times (+\sqrt{-n}) = n$）

负虚数乘以负虚数等于负数（$(-\sqrt{-n}) \times (-\sqrt{-n}) = -n$）

拉法耶尔没有用虚数这个名词。他把正虚数叫作正的负数（$+\sqrt{-n}$），负虚数叫作负的负数（$-\sqrt{-n}$）。他还证明，运用卡尔达诺—塔塔利亚公式和自己的虚数，所有三次方程的解都可以正确地得到。

在此后长达一百多年的时间里，这位业余数学爱好者的"平方根下的负数"受到专业数学家们一致的嘲笑。就连17世纪的大数学家笛卡尔也没有看到这种"怪数"的意义。"虚数"这个名字就是笛卡尔的贡献，他的本意是说，这种数完全是子虚乌有，没有任何数学意义。直到18世纪，虚数的重要性才被欧拉（Leonhard Euler，公元1707—公元1783）和高斯展示出来。现在虚数用符号 i 来表示，$i=\sqrt{-1}$。

拉法耶尔找到这个奇怪的虚数，是受到卡尔达诺的启发。

在卡尔达诺处理的三次方程中，有一类令他困惑不解。比如：

$$x^3 - 7x - 6 = 0 \quad (17b)$$

根据前面的普遍求解法，令 $x = u + v$，得到：

$$(u^3 + v^3) + 3uv(u+v) - 7(u+v) - 6 = 0$$

解（17b）相当于求解下面这个方程组：

$u^3+v^3=6$，和 $3uv=7$。

现在我们令 $u^3=3+z$，$v^3=3-z$。这样，$u^3+v^3=6$ 自然是满足的，而从 $3uv=7$ 我们得到：

$$u^3v^3 = \frac{343}{27} = 9-z^2$$

因此，$z^2 = 9 - \frac{343}{27} = -\frac{100}{27}$，也就是：

$$z = \pm\frac{10\sqrt{-3}}{9}$$

相应地得到：

$$u^3 = 3+\frac{10\sqrt{-3}}{9}, \quad v^3 = 3-\frac{10\sqrt{-3}}{9}$$

所以（16b）的一个解是：

$$x = \sqrt[3]{3+\frac{10\sqrt{-3}}{9}} + \sqrt[3]{3-\frac{10\sqrt{-3}}{9}} \qquad (23)$$

但（17b）是一个很简单的方程，我们很容易发现，它有三个解，都是实数：$x=-1$，$x=3$，$x=-2$。

对负数开平方有意义吗？为什么简单的方程如（17b），竟然得到如此奇怪的解来？卡尔达诺在出版《大术》之前，曾经专门写信给塔塔利亚：

"我给您寄去一封信，询问一些您没有给我答案的问题的解。其中之一是关于三次方等于未知数加上一个数字（注：那时还没有代数符号系统，卡尔达诺这句话的意思是方程 $x^3=bx+c$）。我确信已经掌握了您的规则，可是当未知数系数的三分之一的立方根（注：亦即 $\sqrt[3]{\frac{b}{3}}$）大于

第二十二章 | 制造虚幻的工程师

那个数字的一半的平方（注：就是 $\left(\dfrac{c}{2}\right)^2$）时，我没办法用方程来验证结果。"

卡尔达诺的困惑我们可以理解：在没有虚数概念的情况下，一些方程式的解简直是可以使人发疯的。塔塔利亚当然也搞不明白，他的回答很符合他的性格："您根本就没有搞清楚解决这类问题的真正的办法，我可以说您的解全错了！"

其实，利用三次二项式的展开公式，我们可以很容易验证：

$$u^3 = 3 + \frac{10\sqrt{-3}}{9} = \left(\frac{9+\sqrt{-3}}{6}\right)^3, \quad v^3 = 3 - \frac{10\sqrt{-3}}{9} = \left(\frac{9-\sqrt{-3}}{6}\right)^3$$

所以对其中的一个解我们可以选择 $u = \dfrac{9+\sqrt{-3}}{6}$，$v = \dfrac{9-\sqrt{-3}}{6}$。由此我们得到 $x=u+v=3$，这正是方程（17b）的实数解之一。

出版《代数学》的时候，拉法耶尔把自己的姓从马佐里改为蓬贝利，拉法耶尔·蓬贝利（Rafael Bombelli，公元 1526—公元 1572）横空

表四：拉法耶尔的数学符号。左边第一列是今天我们使用的符号，中间是拉法耶尔出版的《代数学》中使用的符号，右边一列是他手稿中的符号。由于当时印刷机排版的限制，拉法耶尔在最后一刻决定把手稿中的符号改成中间一列的样子。

现代符号	《代数学》中符号	手稿符号
$5x$	$\dfrac{1}{5}$	$\dfrac{1}{5}$
$5x^2$	$\dfrac{2}{5}$	$\dfrac{2}{5}$
$\sqrt{4+\sqrt{6}}$	$Rq \lfloor 4pRq6 \rfloor$	$R \lfloor 4pR6 \rfloor$
$\sqrt[3]{2+\sqrt{0-121}}$	$Rc \lfloor 2pRq \lfloor om121 \rfloor \rfloor$	$R^3 \lfloor 2pR \lfloor Om121 \rfloor \rfloor$

出世。这位从来没有接受过专业数学训练的水利工程师从此以"虚数之父"的称号名垂千古。

拉法耶尔的另一个重要贡献是数学符号。早在 15 世纪末期，帕西奥利就开始使用数学符号，不过帕西奥利采用的符号十分有限。卡尔达诺等人关于三次方程的解则完全是语言描述式的。拉法耶尔创造了相当完整的数学符号。表四列出一些拉法耶尔创造的运算符号。由于当时的印刷机能力有限，拉法耶尔在把著作付梓的时候不得不临时改变手稿中的数学符号。不过，把这个三千多年的问题，"求一个数，使它满足这样一个条件：把这个数自乘两次，加上这个数的一次自乘和某个常数的积，加上这个数与另外一个常数的积，再加上第三个常数，使得总和等于零"，变成简洁的一句话：

$$x^3+ax^2+bx+c=0 \qquad (17)$$

还需要二三百年时间呢。

亚当和夏娃就像虚数，负1的平方根：对于它的存在，你永远得不到具体的证明，可是你一旦把它包括在方程里面，你就能进行所有的计算，而且你无法想象，没了它你该怎么办。

菲利普·普尔曼（Philip Pullman，现代英国作家）：《黄金罗盘》（*The Golden Compass*）

（关于负负得正的运算关系）实际上，在语言当中这个关系也非常微妙。有一次，牛津大学著名的语言哲学家约翰·奥斯汀（J.L. Austin，公元1911—公元1960）在讲座里断言，许多语言用两次否定来表达肯定，但没有一种语言用两次肯定表示否定。这时，坐在观众席的哥伦比亚大学哲学家悉尼·摩根拜瑟（Sidney Morgenbesser，公元1921—公元2004）用讥讽的口气说："就是，就是。"

史蒂文·斯特罗加斯：《x的喜悦》

第二十三章　承先启后的神算家

1572年8月底的一个清晨,法王查尔斯九世(Charles IX,公元1550—公元1574)的母亲凯瑟琳(Catherine de' Medici,公元1519—公元1589)在皇家卫队的簇拥下,走出卢浮宫的大门。

漫步在禁卫军铁甲和枪剑的铿锵声里,凯瑟琳俯视着街道上随处可见的新教徒毫无生命的躯体,苍白的脸上渐渐浮出胜利的冷笑。她处心积虑策划的圣巴托罗缪大屠杀给巴黎和全法国招来了血雨腥风。

对法国人来说,16世纪是一个灾难深重的时代。前半叶,弗朗索瓦一世(Francois I,公元1494—公元1547)把时间、金钱和精力都花在对付神圣罗马帝国皇帝查理五世(Charles V,公元1500—公元1558)的战争,修建王宫城堡以及搜集珍贵艺术品上面。在这期间,印刷机在欧洲流行开来,不同语言的《圣经》相继在各国出现,人们开始用自己的意念理解《圣经》。马丁·路德在德国呼吁宗教改革,加尔文主义在法国蔓延,天主教徒和新教徒之间无休无止的争战开幕。外部,西班牙的腓力二世(Philip II,公元1527—公元1598)一直在煽动法国动乱;内部,法国的农民几乎全是天主教徒,而中产阶级大部分是新教徒,贵族们则差不多一半对一半,派系姻亲错综复杂,都企图利用这个机会争夺王冠。这个世纪还没有结束,法国就已经经历了八次内战。这场大屠杀不过是无数血腥的场景之一。

二倍神坛的问题早就解决了,可是战争却在人间愈演愈烈,很难说人类是在进步还是在退步。

弗朗索瓦·韦达(Francois Viete,公元1540—公元1603)就在这样的时代出生了。他的父亲是律师,而他自己也毕业于普瓦捷大学,获得法律学位。弗朗索瓦毕业不到两年,法国宗教战争就开始了,他在动乱

文史花絮 → 19

公元 1517 年，马丁·路德（Martin Luther, 公元 1483—公元 1546）发表了《九十五条论纲》，开启了欧洲的宗教改革（Protestant Reformation）。改革者反对当时天主教会的教条、仪式、领导和教会的组织结构。一个个新教会独立于天主教会而成立，比如路德教会、加尔文教会等。1562 年 3 月 1 日，吉斯公爵弗朗索瓦·德·洛林（Henry I, Duke of Guise，公元 1552—公元 1588，即亨利一世）对新教信徒的袭击开始了三十年之久的天主教会同新教信徒之间的战争。1572 年在巴黎发生的圣巴托洛缪大屠杀是欧洲历史上最为污秽的残酷罪行之一。这场战争从查尔斯九世持续到下一任国王亨利三世，被有些人称为"三个亨利"之间的战争：中庸的亨利三世（Henry III，公元 1551—公元 1589），信奉天主教的吉斯公爵亨利，还有信奉新教的纳瓦拉的亨利（Henry of Navarre，公元 1553—公元 1610）。前两个亨利死后，纳瓦拉的亨利成为唯一可以名正言顺继承王位的人。他意识到法国大部分人民仍是天主教徒，于是于 1593 年宣布改皈天主教，并于 1594 年风风光光地进入巴黎，成为亨利四世，开启了波旁王朝。

文史花絮 → 20

欧洲的宗教改革，首先由马丁·路德在德国维滕贝格（Wittenburg）发起。1517年10月31日，他把批判天主教贩卖"赎罪券"的《九十五条论纲》张贴在维滕贝格大学的教堂门口。那时，古登堡活字印刷早已商业化，他的论纲被复印，两周内就流传整个德国。1521年，他被罗马教皇利奥十世（Pope Leo X，公元1475—公元1521）驱逐出天主教，他自立门户，建立的教会称为"路德会"（又称"信义宗"），该教派主张"因信称义"，而不是天主教所宣扬的"因信成义"。这两个短语有很大的不同，前者说，只要信便可以得到上帝的恩赐；而后者是由于信而进入天主教会，由对于教会的功德来决定能否得到上帝的恩赐。路德教派很快在德语地区广泛发展。加尔文（Jean Calvin，公元1509—公元1564）本来也是天主教徒。他在法国目睹了天主教对新教信徒的残酷迫害，决定改信新教，后来在日内瓦建立归正宗教会。他在法国有许多追随者，多数是贵族和市民，在政治上反对君主专制。天主教廷用"胡格诺"（Huguenot）来称呼他们。这个名字是特意造出来的，它很可能暗喻同主张共和的荷兰政治家胡格（B. Hugues，公元1487—公元1532）的联系，并巧妙地利用了荷兰语Huigennoten（家庭成员）的谐音，给人一种秘密结社甚至分裂国家的暗示。在中文里，它的意思接近于"结盟会"（有点黑帮的味道）。

中成为有名的律师,为天主教徒也为新教徒辩护。三十岁时,他来到了巴黎,注册成为巴黎的律师,可是不久就发生了圣巴托罗缪大屠杀。也许是血腥的宗教、政治纠纷使他厌倦,弗朗索瓦开始把大量的业余时间花费在数学研究上。据说为了一个数学问题,他曾经坐在桌前,双肘抵住桌面,三天三夜没挪地方。

年轻的查尔斯九世曾经为了杀还是不杀同母亲激烈争论,甚至打了她一个耳光,不过最后还是不得不下令屠杀。事后,查尔斯九世无论如何也摆脱不了圣巴托罗缪屠杀的阴影,死难者的哭号声常常在他耳边响起,让他坐卧不宁。大屠杀后不到两年,二十三岁的查尔斯九世死在病榻上,咽气之前他神志迷乱,不停地叫着:"那血流!那屠杀!我怎么会受这些恶人指使?宽恕我吧,上帝!我真的迷失了!我真的迷失了!"

查尔斯九世死后,他的兄弟亨利三世(Henry III,公元 1551—公元 1589)即位。这位喜欢穿女人衣服、痛恨狩猎的年轻人在宗教方面相当容忍,天主教派感到威胁,马上在吉斯公爵亨利一世的带领下成立天主教同盟,组织军队,与国王抗衡。亨利三世任命弗朗索瓦·韦达为他的私人顾问,参加巴黎皇家议会的活动。从此,韦达的生活和皇家紧密联系在一起。

不久,亨利三世最年轻的弟弟病死。按照当时法国流行的萨利克继承法:皇族中的女性无权继承王位。亨利三世没有子嗣,一场争夺即位权的战争骤然爆发,吉斯公爵干脆率军进入巴黎,亨利三世无奈,仓皇出逃。1588 年 12 月,亨利三世让近卫军暗杀了吉斯公爵。这件事引起轩然大波,以天主教为主的巴黎议会通过议案,要对国王进行犯罪起诉。亨利三世只好再次逃出巴黎。

此时的弗朗索瓦·韦达因政敌的攻击,退隐到布列塔尼海边的一个小村庄。他大概为此非常庆幸,因为这给了他一个远离政治,潜心研究学问的绝好机会。四五年以后,他出版了著名的《分析艺术导论》,

第二十三章 | 承先启后的神算家

从这本书起，代数学进入了新的阶段。他采用了大量数学符号对方程进行表述，被一些人称为"代数之父"。符号化的工作当然并非始于韦达，而真正的完善化还需要将近三百年的时间，直到 1837 年德·摩根（Augustus De Morgan，公元 1806—公元 1871）的《代数学基础》问世。

韦达发现，对二次到五次的方程，方程的解和系数之间有明确的关系。还是拿三次方程（8a）来说吧，韦达证明，它的三个解 x_1, x_2, x_3 同系数（系数这个概念也是韦达引进的）a、b、c 之间有如下的关系：

$$x_1+x_2+x_3=-a,$$
$$x_1x_2+x_1x_3+x_2x_3=b,$$
$$x_1x_2x_3=-c$$

这是因为方程（19）一定可以写成如下的形式：

$$(x-x_1)(x-x_2)(x-x_3)=0 \quad (24)$$

这个在今天看来非常简单的关系在代数史上相当重要。韦达去世二十几年后，另一个年轻的法国数学家把韦达的结果扩展到任意阶次的一元方程，后来成为解决多项式方程的重要定理。相对应的公式现在称为"维达公式"。维达（Vieta）是法语韦达的拉丁化名字。

韦达的另一个重要贡献是三角学。他在欧洲首次系统地用代数方法处理三角学问题，第一次找到了大角度正、余弦与小角度正、余弦的关系：

$$\sin(n\alpha) = \sum_{k\,odd} (-1)^{\frac{k-1}{2}} \binom{n}{k} \cos^{n-k}\alpha \sin^k\alpha \quad (25a)$$

$$\cos(n\alpha) = \sum_{k\,odd} (-1)^{\frac{k-1}{2}} \binom{n}{k} \cos^{n-k}\alpha \sin^k\alpha \quad (25b)$$

不要被这两个等式复杂的样子唬住。这里面，α 是任意一个角度，n 是个整数，$n\alpha$ 是角度 α 的 n 倍。式子右边的 Σ 表示求和，也就是把所有的项都加起来。对（25a）来说，求和是对所有小于等于 n 的单数的 k（1，3，5，等等）。对于（25b），求和是对所有小于等于 n 的双数的 k（2，4，6，等等）。至于那个怪怪的 $\binom{n}{k}$，它就是所谓的二项式系数，也就是贾宪三角形中的系数（在西方称为帕斯卡三角形），意思是从 n 个系数当中取出 k 个系数来。这只是为了表述的方便；并为此规定 $\binom{n}{0}=\binom{0}{k}=1$。

通过以上的关系，任何一个角度 $n\alpha$（n 是个整数）的正弦和余弦最终都可以用 $\sin\alpha$ 和 $\cos\alpha$ 来表示。韦达把这种关系一直推到 $n=10$。这个结果让他兴奋异常，大声宣称："三角学分析同时需要几何算法和代数的秘密。我达到了迄今无人达到的深度。"确实，直到一百多年以后，瑞士人伯努利（Jakob Bernulli，公元 1654—公元 1705）才找到用 $\sin\alpha$、$\cos\alpha$ 来表达 $\cos(n\alpha)$ 和 $\sin(n\alpha)$ 的普遍公式。

还记得古希腊人的三等分锐角几何难题吗（参见数海拾贝 5）？韦达发现，这个难题跟一元三次方程也有密切的关系。从（25b），他知道下面这个三角学等式对任何一个角 θ 都成立：

$$4\cos^3\theta = 3\cos\theta + \cos 3\theta \quad (26)$$

两边同时乘以 2，得到：

$$8\cos^3\theta = 6\cos\theta + 2\cos 3\theta$$

令 $x=2\cos\theta$，上述方程就变成：

第二十三章 | 承先启后的神算家

$$x^3 - 3x - 2\cos 3\theta = 0$$

所以，任何一个给定的锐角 3θ，求解 3θ 三等分之后的角度 θ 就相当于求解这个一元三次方程。

亨利三世被人暗杀以后，亨利四世即位，他是波旁王朝的第一位国王，也是一位历史上赫赫有名的君主。韦达被新国王重新招进宫廷。西班牙国王腓力二世是天主教同盟一贯的幕后支持者，亨利三世一死，腓力二世马上同企图推翻亨利四世的天主教同盟勾结。亨利四世截获了腓力二世写给天主教同盟的密信，立即委托韦达研究西班牙人的密码。几个月以后，韦达成功破译了腓力二世的信，亨利四世将腓力二世的密信明昭于天下，天主教同盟勾结西班牙的内幕曝光了。这个事件促使持续几十年的宗教战争结束，为此，腓力二世居然向教皇控告韦达，说他依靠巫术才猜出了密码。这种控告在今天看来非常可笑，可在当时的基督教世界属于大逆不道，搞不好会被活活烧死的。

1588 年，亨利四世在枫丹白露接待了一位荷兰外交使节。亨利向他展示了自己的财富、艺术品和美丽的风光之后，身形壮硕的使节评论说，法国人在各方面都相当杰出，唯有数学不行。法国没有数学家。说罢，他拿出随身带来的荷兰数学家范鲁门（Adriaan van Roomen，公元 1561—公元 1615）的一道难题，宣称法国没人能解决这个问题。

亨利四世手下的学者们把数学题拿到手一看，差点儿昏过去。众人你看看我，我看看你，憋了半晌，一个字也说不出来。

这竟然是一个一元四十五次方程！用现代代数表示方法，方程是这样的：

$$x^{45} - 45x^{43} + 945x^{41} - 12\,300x^{39} + 111\,150x^{37} - 740\,459x^{35} + 3\,764\,565x^{33} - 14\,945\,040x^{31} + 469\,557\,800x^{29} - 117\,679\,100x^{27} + 236\,030\,652x^{25} - 378\,658\,800x^{23} +$$

$$483\,841\,800x^{21} - 488\,484\,125x^{19} + 384\,942\,375x^{17} - 232\,676\,280x^{15} + 10\,530\,605x^{13} -$$
$$34\,512\,074x^{11} + 7\,811\,375x^9 - 1\,138\,500x^7 + 95\,634x^5 - 3795x^3 + 45x = C \quad (27)$$

其中 C 是一个常数。

亨利四世是个身材矮小的人,本来就在高大的荷兰使节面前感到不快。现在自己的学者又如此无能,这让他怒不可遏。突然,他想到了韦达,便转身对傲慢的使节大声说:"数学家,我们有!"然后对手下人喊道:"马上去找韦达先生!"

韦达来到枫丹白露的画廊,斜倚着高大的窗台看了几分钟纸上的难题,随即取出铅笔,在方程旁边飞快地写下一个实数解,转头扬长而去。傲慢的荷兰使者瞠目结舌,国王亨利四世和大臣们更是面面相觑,惊讶得说不出话来。第二天,韦达又给荷兰使者送去了这个方程的另外二十二个实数解。

韦达是如何在瞬间就解决了这个复杂的一元四十五次方程的呢?有兴趣的读者请看附录五。

还记得丢番图关于两个立方数之差的定理吗?如果 a 大于 b,而且都是正的有理数,那么一定存在另外两个正有理数 x 和 y,使得:

$$a^3 - b^3 = x^3 + y^3 \quad (28)$$

韦达说,让我们假定 $x = z-b$,$y = a-kz$,其中 k 和 z 也都是有理数。于是,等式(28)就变成了:

$$a^3 - b^3 = (z-b)^3 + (a-kz)^3$$

对这个一元三次方程的解,他已经十分熟悉。最简单的解是当 $k = (b/a)^3$,这使他得到

$$x = a\,(a^2 - 2b^2) / (a^3 + b^3)$$
$$y = b\,(2a^2 - b^2) / (a^3 + b^3)$$

这样，丢番图的定理终于得到了证明。而韦达并没有停止在这里。他接着考虑另外两种情况 $a^3 + b^3 = x^3 + y^3$ 和 $a^3 - b^3 = x^3 - y^3$，并证明它们也都有实数解。后来费马证明，任何两个数的三次方之和都可以用另外两个数的三次方之和来表示；另外这两个数的立方之和又可以用第三对数的立方之和来表达，等等，无穷无尽。

韦达后半生紧紧跟随亨利四世。1593 年，亨利四世为了得到多数法国人的拥戴再次转信天主教，韦达也跟着转教。两年后，亨利四世对西班牙宣战，同时在国内全面消除天主教同盟的反抗。韦达到处奔波，消除人们对国王的疑虑，一直工作到身心交瘁，被亨利四世送回家乡。临终前，他拒绝向上帝认罪，因此一些近代学者认为他是无神论者。无论他的信仰是什么，韦达利用法律辩护保护了许多忠诚的教徒，无论是天主教的，还是新教的。在这一点上，他也远远超出了他的时代。

弗朗索瓦·韦达把几何学问题代数化，走的是和古希腊数学家相反的路子；在他去世三十四年后，笛卡尔继续沿着他的方向走下去，发表了数学史上第一部现代著作《几何》。

"我从韦达结束之处开始。"笛卡尔说。

寻求数学里的真理时，有一个确定的方法，据说是柏拉图发现的。赛翁称之为分析。

韦达

（注：此处的赛翁是指 Theon of Smyrna，公元前二世纪古希腊数学家、哲学家）

　　没有解决不了的（数学）问题。

韦达：《新代数》

尾声　新的开始

1642年，日本藤冈市，一个小男孩降生在武士的家庭。这个孩子没有像父亲那样成为拔枪弄剑的武夫，很小就被一家贵族领养去了。他改了名，随了贵族的家庭姓关。关家的一个仆人看到孩子聪慧，便给他讲了讲算数。没想到这个小家伙是个数学奇才，从那以后，他开始自学，九岁时开始收集中国和日本的数学书籍，仔细阅读，很快就成为专家。

17世纪的日本，数学远远落后于中国和西方。小男孩长大后，把数学书本中的知识融会贯通，开创了和算，也就是日本数学。他处理的多元线性方程，多达1458个变量。他用汉字来表示未知数，并开发了一套数学符号，其完整程度可以同欧洲的系统相媲美。他的代数学工作在很多方面都达到欧洲当时的水平，并且开创了与微积分有关的基础工作。

1642年，一个婴儿在英国林肯郡的一个小村庄早产。孩子小到几乎可以放进啤酒杯里，病怏怏的。父亲在他出生前三个月就过世了；三岁时，母亲改嫁，把他留给祖母抚养。十七岁时，他赌气离开了学校，再次守寡的母亲企图劝他成为农民。多亏校长说服了母亲，使他重返学校。为了报复常常欺负他的那帮坏家伙，他努力学习，结果成绩名列前茅。十八岁时。他进入剑桥的三一学院勤工俭学。他不喜欢学院的经典课程，却对笛卡尔的哲学思想和哥白尼、伽利略、开普勒等人的天体运行论更感兴趣。在此期间，他发现了微积分。留校教授代数的时候，他受到弗朗索瓦·韦达关系式（24）的启发，发现了关于多项式方程的定理，现称牛顿定理。

1646年，又一个男孩出生，地点是德国的莱比锡。他六岁丧父，由母亲一手拉扯成人。母亲的宗教信仰和道德标准对他后来的哲学思想产生了深刻的影响。由于父亲留下了丰富的藏书，小男孩整天把自己埋在书堆里，十二岁时自学拉丁文后，又开始学习希腊文。十四岁时，他便进入父亲原来执教的大学；二十岁毕业时，已经对法律、古典文学、逻辑学和哲学都有了相当深厚的造诣。得到法律博士学位之后，他拒绝了大学的邀请，投靠德国两个贵族家庭，专门从事研究。除了哲学、法律、文学、历史，他还做了大量的数学研究。他首次采用矩阵的方法来表达线性方程的系数，还创造了符号逻辑。他也发现了微积分。

这三个男孩，关孝和（Seki Kowa，公元 1642—公元 1708）、艾萨克·牛顿（Isaac Newton，公元 1642—公元 1727）、戈特弗里德·威廉·莱布尼茨（Gottfried Leibniz，公元 1646—公元 1716），在不同的地点和社会背景下不约而同地开创了现代数学。

也许这是一个特殊的年代；也许人类的知识在积累了两千多年之后，不可遏止地爆发了。数学从此日新月异。不过，那是另外的故事了。

这一片平坦的沙滩

在海洋与大陆之间

我该建造写下什么

在那夜幕降临之前

是镌上墓碑的文字

凭海浪经年的碰击

或是设计城防堡垒

远远超过我的年岁

……

节选自英国诗人豪斯曼（A.E. Housman，公元1859—公元1936）的诗 *XLV*

书尾题记

当埃斯库罗斯（Aeschylus，公元前525—公元前456 古希腊悲剧名家）被人忘记时，阿基米德仍会被记起，因为语言可能消亡而数学思想永存。"不朽"或许是个可笑的形容词，但数学家大概最有可能达到这个词所表达的含义。

G. H. 哈代，《一个数学家的辩白》

参考书目

中文书目

吴朝阳. 张家山汉简《算数书》校正及相关研究. 南京：江苏人民出版社, 2001.

张苍. 九章算术. 邹诵, 译解. 重庆：重庆大学出版社, 2016.

孙诒让. 墨子间诂. 北京：中华书局, 2017.

谭戒甫. 墨辩发微. 北京：中华书局, 2004.

张双棣, 张万彬, 殷国光, 陈涛. 吕氏春秋. 北京：中华书局, 2007.

郭书春, 刘钝. 算经十书（一）. 沈阳：辽宁教育出版社, 1998.

欧阳修, 宋祁. 新唐书. 北京：中华书局, 1975.

李冶. 测圆海镜今译. 白尚恕, 译. 济南：山东教育出版社, 1985.

王守义. 数书九章新释. 李俨, 校. 合肥：安徽科学技术出版社.

沈康身. 王孝通开河筑堤题分析. 杭州：杭州大学学报（自然科学版）, 1964.

英文书目

ANSARI S M R. Aryabhata I, His Life and His Contributions. *Bulletin of the Astronomical Society of India*, 1977,5: 10–18..

ARCHIBALD R C. Babylonian Mathematics with special reference to recent discoveries, *Mathematics Teacher*, 1936,29: 209-219,.

BRAGG M. On Giants' Shoulders: Great Scientists and Their Discoveries From Archimedes to DNA. London: Hodder and Stoughton, 1998.

CANFORA L. The Vanished Library: A Wonder of the Ancient World. translated to English by Martin Ryle. Berkekey: University of California Press, 1989.

CLARK W E. The Aryabhatiya of Aryabhata, An Ancient Indian Work on Mathematics and Astronomy (Translated with notes). Chicago: The University of Chicago Press, 1930.

DERBYSHIRE J. Unknown Quantity: A Real and Imaginary History of Algebra. Washington, DC: Joseph Henry Press, 2006.

FOURNIER M. Boethius and the Consolation of the Quadrivium, in: Medievalia et Humanistica, New Series, No. 34 (Paul Maurice Clogan, ed.). Lanham, MD: Rowman & Littlefield Publishers, Inc., 2008.

HARDY G H. A Mathematician's Apology, 1940. Alberta: University of Alberta Mathematical Sciences Society, first electronic edition, 2005.

HEATH T L. The Works of Archimedes, Edited in Modern Notation. Cambridge: Cambridge at the University Press, 1897.

HEATH T L. Archimedes, Oxford. Pioneers of Progress: Men of Science series, edited by S. Chapman, Society for Promotion Christian

Knowledge. New York: The MacMillan Co., 1920.

HEATH T L. A History of Greek Mathematics, Volume II: From Aristarchus to Diophantus. Oxford: The Clarendon Press, 1921.

HEATH T L. Diophantus of Alexandria: A Study in the History of Greek Algebra. New York: Dover Publications, 1964.

HOBBE T. Eight Books of the Peloponnesian War Written by Thucydides, the Son of Olorus, Interpreted with Faith and Diligence Immediately Out of the Greek. London: John Bohn, 1839.

KATZ V. A history of mathematics: an introduction. Boston: Addison-Wesley, 2009.

KNOWLES D. The Evolution of Medieval Thought, second edition, edited by D.E. Luscombe and C.N.L.Brooke. London: Longman Group UK Ltd, 1988.

NETZ R. The works of Archimedes: translated into English, together with Eutocius' commentaries, with commentary, and critical edition of the diagrams, v.1: The Two Books on the Sphere and the Cylinder. Cambridge: Cambridge University Press, 2004.

PLITARCH. Lives of the Noble Greeks and Romans, translated by Sir Thomas North. London: J.M. Dent & Sons, Ltd., Aldine House, 1910.

SMITH W. A History of Greece, From Earliest Times to the Roman Conquest with Supplementary Chapters on The History of Literatures and Art, with notes, and A Continuation to the present Time by C. C. Felton. Boston: Hickling, Swan, and Brown, 1855.

SPOFFORD A R, WEIRENKAMPF F, and LAMBERTON J P (eds.) .The Library of Historic Characters and Famous Events of All Nations and all Ages, National Edition.Philadelphia: William Finley & Co., 1895.

STEWART I. Why Beauty is Truth: A History of Symmetry. New York:

Basic Books, 2007.

TIERNEY B. The Middle Ages, Volume I: Sources of Medieval History, Third Edition. New York: Alfred A. Knopf, 1978.

TOYNBEE A J, IKEDA D. Choose Life——A Dialogue (Echoes and Reflections): The Selected Works of Daisaku Ikeda. London: I.B. Tauris & Co. Ltd, 2007.

英特网资料

CULLEN C. The Suàn shù shū 算术书: Preliminary matter. [2017-02-01].http://www.nri.cam.ac.uk/suanshushu.html.

DR. J. LEICHTER JD.Mathematics and Mathematical Astronomy. [2016-11-15].http://www.wilbourhall.org/index.html#archimedes.

THUCYDIDE.The Peloponnnesian War: English Translation. [2016-12-26]. http://www.perseus.tufts.edu/hopper.

WEISSTEIN, ERIC W. MathWorld--A Wolfram Web Resource. [2016-12-02] http://mathworld.wolfram.com/CissoidofDiocles.html .

此外还参考了众多维基百科的中、英文条款。

附录一：

《九章算术》中开立方根的步骤

1."置积为实。借一算，步之，超二等。"	将体积数 1 860 867 作为被开立方数，称之为"实"，置于上层。借用一个算筹（称为借算），在"结算"行从个位起由低位向高位每超二位移动(超二等)，至不可再超的百万位而止。之所以这样做，是因为 10^3=1000。我们在使用阿拉伯数字时，每三位数用千分空标出，以便于阅读。记住结算在这里跳了两次（两次"超二等"移位）。 商 实　　｜　≡　T　　Ⅲ　⊥　Π 法 中行 借算　　｜
2."议所得，以再乘所借一算为法，而除之。"	估计初商（议所得），得初商为1。由于初商是在第1步中连跳两次得到的，它应该在"商"行的百位数上。以初商与百万数位上的借算（1）"再乘"（连乘两次，也就是三次方的意思），将得数（1）置于法行的百万位上，作为"法"数。再用"实"里的百万位数（1）减去"法数"，1-1=0，所以"实"行的百万数为零，用空位表示。也就是说，"实"在减去 1 000 000 之后，变成 860 867。 商　　　　　　　　｜ 实　　≡　T　　Ⅲ　⊥　Π 法　　｜ 中行 借算

3．"除已，三之为定法。"	由实减去初商与法数乘积后（"除已"），将法数（1）乘以3，所得称为定法。把它放在法行（但现在成为"定法"，大概是因为这个值已经"定"了）的百万数位。 商　　　　　　　　　│ 实　　　　　⩲ 丅 Ⅲ 一 ⊓ 法（定法）　 ≡ 中行 借算
4．"复除，折而下。以三乘所得数置中行。复借一算置下行。"	为下一步求次商，将定法的数（1）向低位移动一位（"折而下"），到十万的数位。以3乘以上一层商的数值（1），将所得数（3）放在"中行"跟初商相同的数位上。再借一个算筹（借算），把它放在"下行"的个位上。 商　　　　　　　　　│ 实　　　　　⩲ 丅 Ⅲ ⊥ ⊓ 法　　　　　　 ≡ 中行　　　　　　　　　≡ 借算（下行）　　　　　　　│
5．"步之，中超一，下超二等。"	"中行"数超一位向高位移动，下行超两位向高位移动。这是为了求十位上的次商。 商　　　　　　　　　│ 实　　　　　⩲ 丅 Ⅲ ⊥ ⊓ 法　　　　　　 ≡ 中行　　　　 Ⅲ 借算　　　　　　　　│

附录一：中开立方根的步骤　　295

6."复置议。以一乘中，再乘下。皆副以加定法。"	现在估算次商（复置议），得次商为2。以次商（2）乘"中行"数（3）一次，得到6。以次商乘以下行借算（1），再自乘，得到4。将得数分别记入"中"行和下行后，都加入法行对应位置的数中。"法"行现在的数是364 000。 商　　　　　　　　　　　｜　二 实　　　　　　　⊥　丅　Ⅲ　⊥　丅 法　　　　　　　　三　丅　三 中行（副） 借算　　　　　　　　　　　　　三
7."以定法除。除已，倍下、并中从定法。"	此处好像有脱漏。实际做法是，以"实"数（860 867）减去次商（2）和法（364 000）的积，也就是728 000。这样，"实"变为132 867。以2乘以"下行"也就是借算行的数（4），得8，注意这个8在千位上。加上中行在万位上的数（6），得到6800，把它并入定法（364 000）之中。现在定法的数是432 000。 商　　　　　　　　　　　｜　二 实　　　　　一　Ⅲ　二　Ⅲ　⊥　丅 法　　　　　　　三　Ⅲ　二 中行 借算
8."复除。折下如前。" 术文省略了下面用括号补出的步骤。 （以三乘所得数，置中行，复借一算置下行。）	再求下一位（个位）之商，方法与求次商相仿。定法要向低位移一位（432 000 换位变成 43 200），再以类似第4—7步的方式重新布算。以3乘以上一层商的数值（12），将所得数（36）放在"中行"跟初商相同的数位上。借算筹一，放在借算的个位。 商　　　　　　　　　　　｜　二 实　　　　　一　Ⅲ　二　Ⅲ　⊥　丅 法　　　　　　　　Ⅲ　三　Ⅱ 中行　　　　　　　　　　Ⅲ　⊥ 借算　　　　　　　　　　　　　｜

	估算个位的商为3。以商(3)乘"中行"数(360)，得到1080。以个位商(3)乘以下行借算(1)，再自乘，得到9。将得数分别记入中行和下行（借算）。
	商　　　　　　　｜　二　Ⅲ
	实　　一　Ⅲ　二　Ⅲ　⊥　Π
	法　　　　　Ⅲ　≡　‖
	中行　　　　　　一　　　　⊥
	借算　　　　　　　　　　Ⅲ
9.（复置议。以一乘中，再乘下。皆副以加定法，而除之。）	把中行和下行的数字按照数位加到法行，"法"行现在的数是44 289。这个数乘以个位数的商（3）正好是实行中的数132 867。议得第三位商为3，除之适尽。由此求得实数1 860 867的立方根为123。
	商　　　　　　　｜　二　Ⅲ
	实　　一　Ⅲ　二　Ⅲ　⊥　Π
	法　　　　Ⅲ　≡　‖　⊥　Ⅲ
	中行
	借算

附录二：

阿耶波多的开立方步骤

	具体步骤	注释
1 860 867	将数字每三位分一组，每组右边第一位为立方数，其他量为实非立方数。	第一步：数字分组。方法同《九章》。
$\begin{array}{r} 1\,860\,867 \\ -\ 1 \\ \hline 0 \end{array}$	从最后一位立方数起算（从右向左数起），寻找小于或等于最后一组数字（1）的立方根（1³=1）。将此根的立方写在数组的下方，相减，得到"0"。	第二步：猜测初商。很明显，这里初商不可能大于1。
$\begin{array}{r} 1\,860\,867 \\ -\ 1 \\ \hline 0\ \ 8 \\ -\ \ 6 \\ \hline 2 \end{array}$	将第二组数字的第二非立方数（8）下移，放到第二步结果（0）的右边，成为（08）。将这个结果减去初商平方的三倍（3×1²=3），将此数乘以2（猜得的次商），得到6。将此数写在8的下方，做减法。	第三步：寻找次商。先处理第二非立方数。假如我们选次商为3，则3×1×3大于第二组的第二非立方数（8）。所以次商为2。
$\begin{array}{r} 1\,860\,867 \\ -\ 1 \\ \hline 8 \\ -\ 6 \\ \hline 26 \\ -\ 12 \\ \hline 14 \end{array}$	带下第二组的第一非立方数（6），写在结果（2）旁，构成26。将次商平方的三倍再乘以初商（3×2²×1=12）。从26中减去这个结果，得到"14"。	第四步：处理第二组第一非立方数。

1860867
− 1
――――
  8
− 6
――――
  26
− 12
――――
   140
−   8
――――
    132
	把第二组的立方数(0)带下，构成140，减去次商的立方根($2^3=8$)，得到"132"。	第五步：处理第二组的立方数。

1860867
− 1
――――
  8
− 6
――――
  26
− 12
――――
   140
−   8
――――
    132 8
−   129 6
――――
      3 2
	重复第三步。把第三组的第二非立方数（8）下移，成为1328。将这个结果减去三倍的初、次商的平方（$3×12^2=432$），由此寻到第三位商为3。将这位商乘以三倍的初、次商的平方（$3×3×12^2$），得到"1296"。将此数写在1328的下方，做减法，得到"32"。	第六步：寻找第三位商。跟第三步类似，第三位商不可能大于3。

1860867
− 1
――――
  8
− 6
――――
  26
− 12
――――
   140
−   8
――――
    132 8
−   129 6
――――
      3 26
−   3 24
――――
         2
	重复第四步。带下第三组数字中的第一非立方数（6），写在结果（32）旁，构成326。将此数减去三倍的初、次商（12）再乘以三商的平方（$3×12×3^2=324$）。从326中减去这个结果，得到"2"。	第七步：处理第三组第一非立方数。

附录二： 阿耶波多的开立方步骤

1 860 867 − 1 　8 　　− 6 　　26 　　　− 12 　　　140 　　　　− 8 　　　132　8 　　　− 129　6 　　　　3　26 　　　　− 3　24 　　　　　　27 　　　　　− 27 　　　　　　0	重复第五步。把第三组的立方数（7）带下，构成 27，减去第三商（3）的立方根（$3^3=27$），得 0。适尽。	第八步：处理第三组的立方数。检查余数。若余数为零，等到的是立方根精确解。如果不为零，把小数点后面三位作为下一个立方组，重复以上步骤，直到达到需要的精度为止。

附录三：

奥马尔·海亚姆求解方程 $x^3+bx+c=ax^2$ 的方法

首先划出三条线段，使其长度分别等于 $c\sqrt{b}$、$\sqrt{b}$ 和 a，并使长为 $\sqrt{b}$ 的线段垂直于其他二线段（横轴），如附图 a 所示。为什么选择 $c\sqrt{b}$、$\sqrt{b}$ 和 a 来作图呢？因为这三个量都具有和 x 相同的单位。如果 x 是长度，那么 $c\sqrt{b}$、$\sqrt{b}$ 和 a 也都是长度。

以直线 $c\sqrt{b}+a$ 为直径画一个半圆，延长垂直线段 $\sqrt{b}$ 使其与圆弧相交（纵轴）。如果所延长的线段之长为 d，那么，从它与半圆的交点处画一线段，使它与直线 $c\sqrt{b}+a$ 平行，并且长度为 $cd/\sqrt{b}$，如附图 b 所示。第三步，做一条双曲线，使它通过在第二步中所加线段的端点，而且它的渐近线通过 $\sqrt{b}$ 线段的顶点与直径平行，如附图 c。这条双曲线与圆弧在两点相交，焦点与纵轴之间的距离就是所求的解。

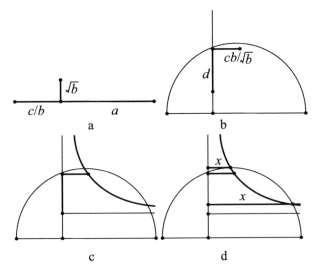

附图：奥马尔求解三次方程的几何方法示意。

附录四：

费拉里求解一元四次方程的方法

对四次方程

$$x^4 + ax^3 + bx^2 + cx + d = 0 \qquad (4-1)$$

做变换 $x = u - \dfrac{a}{4}$，得到：

$$(u-\tfrac{a}{4})^4 + a(u-\tfrac{a}{4})^3 + b(u-\tfrac{a}{4})^2 + c(u-\tfrac{a}{4}) + d = 0$$

展开以后，合并同类项，得到：

$$u^4 + (-\tfrac{3a^2}{8}+b)u^2 + (\tfrac{a^3}{8}-\tfrac{ab}{2}+c)u + (-\tfrac{3a^4}{256}+\tfrac{a^2 b}{16}-\tfrac{ac}{4}+d) = 0 \qquad (4-2)$$

令

$$A = -3\dfrac{a^2}{8} + b$$

$$B = \dfrac{a^3}{8} - \dfrac{ab}{2} + c$$

$$C = -\dfrac{3a^4}{256} + \dfrac{a^2 b}{16} - \dfrac{ac}{4} + d$$

方程（4-2）变成

$$u^4 + Au^2 + Bu + C = 0 \qquad (4-3)$$

这是一个不完全四次方程。如果 $B = 0$，那么做变换 $w = u^2$，(4-3) 就变成一个 w 的二次方程，很容易求解。

如果 $C = 0$，那么，u 有一个零解，剩下的三个解对应于一个三次方程

$$u^3 + Au + B = 0$$

对这种方程我们已经知道如何处理了。

对于 B 和 C 都不为零的情况，费拉里提出下面这个求解方法：

首先，利用恒等式（还记得巴比伦人的二阶二项式展开吗？）

$$(u^2 + A)^2 - u^4 - 2Au^2 = A^2$$

把 (4-3) 变成：

$$(u^2 + A)^2 + Bu + C = Au^2 + A^2 \qquad (4\text{-}4)$$

现在引入一个新的任意变量 y，注意到下面这个等式永远成立：

$$(u^2 + A + y)^2 - (u^2 + A)^2 = 2y(u^2 + A) + y^2 = 2yu^2 + 2yA + y^2$$

而且

$$0 = (A + 2y)u^2 - 2yu^2 - Au^2$$

附录四：费拉里求解一元四次方程的方法

我们得到：

$$(u^2+A+y)^2 - (u^2+A)^2 = (A+2y)u^2 - Au^2 + 2yA + y^2$$

把这个恒等式的两边分别加到 (4-4) 的两边，得到：

$$(u^2+A+y)^2 + Bu + C = (A+2y)u^2 + (2yA + y^2 + A^2)$$

化简以后，得到：

$$(u^2+A+y)^2 = (A+2y)u^2 - Bu + (y^2 + 2yA + A^2 - C) \qquad (4\text{-}5)$$

我们看到，等式的左边是 $[(u^2+A+y)^2]$ 的完整平方。假如我们能把等式的右端也变成一个完整平方的形式，问题就解决了。注意对于任何一个二阶多项式

$$ax^2 + bx + c$$

如果它能被写成 $(mx+n)^2$ 的形式，那么其系数 a, b, c 之间必须满足下面的关系：

$$b^2 - 4ac = 0 \qquad (4\text{-}6)$$

也就是说，$b = 2\sqrt{(ac)}$，$m = \sqrt{a}$，$n = \sqrt{c}$。

对于 (4-5) 等号的右端来说，类似于 (4-6) 的关系是：

$$(-B)^2 - 4(2y+A)(y^2 + 2yA + A^2 - C) = 0$$

这个等式化简以后，变成

$$2y^3 + 5ay^2 + (4A^2-2C)y + (A^3 - AC - \frac{B^2}{4}) = 0$$

这是一个一元三次方程，我们已经知道如何求解。把解出的 y 代入（4-5），它的右端就变成了 u 与 y 以及一些数值的完整平方。这样（4-5）就可以解决了。

附录五：

弗朗索瓦·韦达求解一元四十五次方程（27）的方法

韦达一直对三角学感兴趣。早在圣巴托洛缪大屠杀的前一年，他就发表了一本关于三角学的书，在西方世界首次对平面和球面三角做了系统的研究，其中采用了正弦、余弦、正切、余切等我们今天所知的所有三角函数。他也是第一位把代数学应用到三角学的数学家，利用代数变换处理三角问题。正是这种训练和能力使他一眼就看出，范鲁门那个貌似复杂的方程其实不过是一个改头换面的三角关系而已。

解决了这个难题的第二年，弗朗索瓦发表了他的秘诀：

令 $C = 2\sin(45\theta)$，$x = 2\sin(\theta)$，$y = 2\sin(15\theta)$，$z = 2\sin(5\theta)$。利用已知的三角等式 $\sin(3\psi) = 3\sin(\psi) - 4\sin^3(\psi)$，把 ψ 换成 15θ，两边同时乘以2，就得到：

$$C = 3y - y^3 \tag{5-1}$$

下一步，把 ψ 换成 5θ，得到：

$$y = 3z - z^3 \tag{5-2}$$

现在运用另外一个三角等式：

$$\sin^5(\psi) = \left(\frac{5}{8}\right)\sin\psi - \left(\frac{5}{16}\right)\sin(3\psi) + \left(\frac{1}{16}\right)\sin(5\psi)$$

两边乘以 32，用 θ 代替 ψ，并把 2 sin (3θ) 用 x = 2 sin (3θ) 的方式表达，就得到：

$$x^5 = 10x - 5(3x - x^3) + z$$

经过简化，上式变成：

$$z = 5x - 5x^3 + x^5 \tag{5-3}$$

现在，把（5-3）代进（5-2），再代进（5-1），就能得到范鲁门的复杂方程（27）。韦达把复杂的四十五次方程转换成三个简单的方程，求解起来就方便多了。(5-1) 是一个三次方程，很容易解出它的实根，后面就简单了。

可是，即便是今天，能够一眼就看出范鲁门方程跟上述这些复杂三角关系也是很不容易的。由此我们看到，韦达已经能够极为灵活地使用变量代换，这和他发明的相当完善的符号数学手段分不开。不过，韦达只找到二十三个实数解，把另外二十二个虚数解全部丢掉了。他不懂得虚数解。